部分屠宰检疫器械

化制机

简易焚烧炉

1

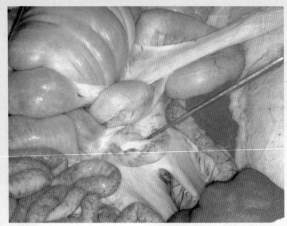

生猪屠宰检疫时剖检肠系膜淋巴结

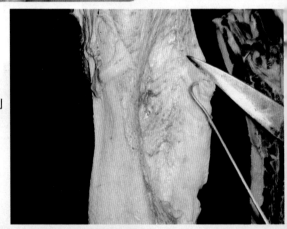

生猪屠宰检疫时剖检腹股沟淋巴结

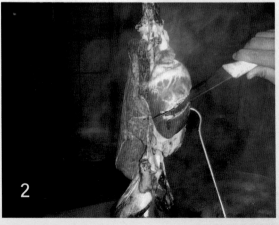

生猪屠宰检疫时剖检心脏

猪瘟：肾脏点
状出血

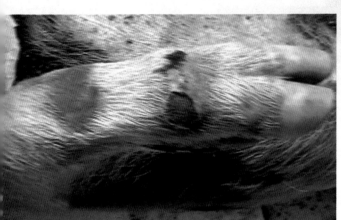

猪口蹄疫：蹄
部水疱破溃

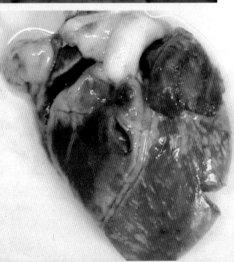

猪口蹄疫：心脏
的虎斑状条纹

3

鸡新城疫：颈部扭转

高致病性禽流感：爪鳞出血

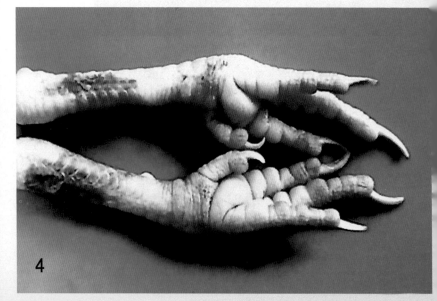

畜禽屠宰检疫

主　编

王　诚　张福林　王桂柱

编著者

刘国柱　韩建春　赵光环

宁必武　刘润东　刘志勇

孙敬军　张玉新　任　芳

张惠清　姚　鹏　张　颖

金盾出版社

内 容 提 要

本书内容包括:畜禽屠宰检疫的概念,畜禽屠宰检疫的目的和作用,畜禽屠宰检疫的组织与实施,畜禽屠宰检疫的岗位设置与岗位职责,生猪的屠宰检疫,牛、羊的屠宰检疫,禽类的屠宰检疫,畜禽产品的检疫处理,畜禽屠宰后各种病变与气味、色泽异常肉的处理,屠宰检疫的监督与管理,畜禽常见疫病的检疫等,详细介绍了畜禽屠宰检疫的基本理论、基本知识、基本技术与基本要求。本书内容先进实用,语言通俗易懂,适合各级动物防疫监督机构和广大兽医人员使用,是动物检疫员必备的工具书和业务学习参考书。

图书在版编目(CIP)数据

畜禽屠宰检疫/王诚等主编;刘国柱等编著 . —北京:金盾出版社,2007.9
ISBN 978-7-5082-4656-7

Ⅰ. 畜…　Ⅱ. ①王… ②刘…　Ⅲ. 畜禽-屠宰加工-检疫
Ⅳ. TS251.7

中国版本图书馆 CIP 数据核字(2007)第 095458 号

金盾出版社出版、总发行

北京太平路 5 号(地铁万寿路站往南)
邮政编码:100036　电话:68214039　83219215
传真:68276683　网址:www.jdcbs.cn
彩色印刷:北京精彩雅恒印刷有限公司
黑白印刷:北京金盾印刷厂
装订:永胜装订厂
各地新华书店经销
开本:787×1092 1/32　印张:6.875　彩页:4　字数:148 千字
2010 年 2 月第 1 版第 3 次印刷
印数:19001—25000 册　定价:12.00 元
(凡购买金盾出版社的图书,如有缺页、倒页、脱页者,本社发行部负责调换)

前　言

　　肉品是改善膳食结构,保障人体营养需求的动物性食品,在人们的饮食生活中占有极为重要的地位。"民以食为天,食以安为先",肉品卫生安全与人类生活息息相关。

　　随着我国国民经济的发展和人民生活水平的提高,肉、蛋、奶等动物性食品的消费量在逐年提高,保证动物性食品的食用安全已成为各级政府、社会各界以及广大消费者极为关注的事项。2001 年 4 月,我国农业部启动全国无公害食品行动计划,发布了《畜禽屠宰卫生检疫规范》(NY 467－2001)作为保障该行动计划的部颁标准,是畜禽屠宰检疫管理的法定依据。

　　《畜禽屠宰卫生检疫规范》对动物传染病和寄生虫病的处理比以往发布的规范标准更为严格、科学,将无害化处理作为保证肉品卫生安全的根本。对染疫动物产品不再采取冷冻、产酸、腌制等传统处理方法,而是根据其危害性分别采取销毁、化制和高温处理的方法,使肉品卫生评价的安全性更高,更能发挥畜禽屠宰卫生检疫对人体健康安全和畜牧业发展的保护作用。

　　保证动物性食品食用安全是动物卫生的重要组成部分,是动物防疫监督机构的重要职责。笔者多年来一直从事动物防疫监督工作，熟悉畜禽屠宰检疫工作的组织与开展，了解动物疫病对人体健康安全与畜禽养殖业的严重危害，深感依法做好畜禽屠宰卫生检疫工作责任重大。为贯彻落实畜禽屠宰检疫管理法规，提高检疫工作水平，保证肉品卫生安全，编写了这本《畜禽屠宰检疫》。

由于笔者能力水平所限，加之编写仓促，缺少经验，错误与不妥之处在所难免，敬请广大同行、读者予以批评指正。

编著者

2007 年 7 月

目　录

第一章 概 述

一、畜禽屠宰检疫的概念

畜禽屠宰检疫是指动物防疫监督机构按照国家有关动物防疫、检疫法律、法规、国家标准、行业标准、检疫管理办法和检疫对象的规定,在畜禽屠宰前对待宰畜禽进行的监督管理和健康检查,以及在畜禽屠宰加工过程中,对畜禽是否感染致病微生物和寄生虫进行的检验和处理。

畜禽屠宰检疫是保证人民食肉安全和身体健康,保护畜牧养殖业健康发展的重要行业行政执法工作,因此具有以下特点。

(一)强制性规定

国家法律规定,动物产品应当经过动物防疫监督机构检疫合格,并取得检疫合格证明和检疫验讫标志,方可出售、运输、加工、贮藏。畜禽屠宰厂(场)屠宰加工的畜禽产品未经动物防疫监督机构检疫合格的,不得出厂(场)进入流通领域。

(二)法定的机构

动物防疫监督机构依照动物防疫法律、法规的授权,依法组织实施畜禽屠宰检疫。动物防疫监督机构是畜禽屠宰检疫惟一的法定机构,未经法律、法规授权或动物防疫监督机构派出,其他任何单位或个人均不得组织实施畜禽屠宰检疫。

(三)法定的人员

实施畜禽屠宰检疫的人员应当是动物防疫监督机构设置的动物检疫员。动物检疫员必须具有相应的专业学历,经过上岗前的培训和考核,取得动物检疫员资格证书后,方可上岗实施检疫,在检疫工作中接受动物防疫监督机构的监督与管理。

(四)法定的检疫项目、标准和方法

畜禽屠宰检疫的检验项目、标准和方法,必须严格执行《畜禽屠宰卫生检疫规范》(NY 467—2001)、《畜禽病害肉尸及其产品无害化处理规程》(GB 16548—1996)等动物检疫国家标准、行业标准的规定,确保检疫质量,任何单位和个人均不得随意更改法定检疫项目、标准和方法,不得使用低于国家标准、行业标准的检疫项目、标准和方法。

(五)必须进行检查、定性和处理

实施畜禽屠宰检疫的机构和人员必须依照法定的检疫项目、标准和方法,进行认真、规范的检查定性,对检疫后的产品依法进行处理,对合格的产品出具产品检疫合格证明,加施检疫验讫标志,对检疫不合格的产品进行无害化处理,经检疫不合格的畜禽产品未经无害化处理不得出厂(场)。

二、畜禽屠宰检疫的目的和作用

畜禽的传染病和寄生虫病种类很多,对畜禽养殖生产可造成严重危害,其中有的疫病还会通过密切接触或食用动物

性食品等方式传染给人,危害人体健康。畜禽屠宰检疫的目的是通过检疫发现染疫畜禽或染疫畜禽产品,依法进行防疫监督和无害化处理,保证畜禽产品卫生质量,防止畜禽传染病和寄生虫病传播扩散,维护人体健康,保护养殖业生产。

畜禽屠宰检疫的作用有以下 3 个方面:一是保证畜禽产品的卫生质量,防止畜禽产品携带寄生虫和致病微生物,保证畜禽产品食用和生产的卫生安全,保护消费者、经营者的合法权益。二是促进畜禽疫病的预防与控制。实施宰前检疫监督,促使畜禽生产经营者主动接受检疫,推动畜禽产地检疫工作的开展,促进畜禽疫病计划免疫和强制免疫的落实,推进防检结合、以检促防、以监保检的动物防疫工作良性运行机制的建立。三是及时掌握畜禽疫病动态。进行畜禽屠宰检疫和抽样监测,可以及时发现畜禽疫病动态,分析畜禽疫病的发生、发展规律,为制订畜禽疫病防制规划和防疫计划提供可靠的科学依据。

三、畜禽屠宰检疫的组织与实施

(一)组建畜禽屠宰检疫队伍

动物防疫监督机构应当派出动物检疫员专门负责畜禽屠宰检疫。在定点屠宰厂(场)建立驻厂(场)检疫办公室,以方便检疫工作的开展。按照动物防疫法律、法规和检疫规程、规范的要求设定检疫工作岗位,根据屠宰厂(场)生产量确定检疫员上岗人数,保证检疫工作需要。

（二）配备必要的检疫仪器和设备

动物防疫监督机构应当为驻畜禽屠宰厂（场）检疫配备仪器设备，根据检疫项目、标准和方法，确定检疫仪器的种类和数量，能够保障检疫工作按规定开展。

（三）建立检疫岗位责任制

按照动物检疫国家标准、行业标准、检疫管理办法和检疫对象的规定，制订屠宰检疫岗位技术规程，依此进行检疫岗位监督检查和考核，保证畜禽屠宰检疫达到规定的卫生质量要求。

（四）建立屠宰检疫登记、统计制度

畜禽屠宰检疫应具备以下几种登记和统计：一是畜禽屠宰入厂（场）监督检查登记；二是畜禽屠宰宰前检疫登记；三是畜禽屠宰同步检疫登记；四是畜禽屠宰检疫无害化处理登记；五是畜禽屠宰检疫月统计。

（五）建立屠宰检疫管理工作制度

主要有屠宰检疫工作日志、检疫监督检查、检疫岗位考核、检疫人员考勤和专业学习等工作制度。

第二章 畜禽屠宰检疫的
岗位设置与岗位职责

　　畜禽屠宰检疫的岗位设置和岗位职责,应当适应畜禽屠宰加工流水作业程序要求,对屠宰加工的宰前管理、宰前检疫、同步检疫、无害化处理、验讫出证等环节实施检疫与监督,保证屠宰检疫、检验落实到位,确保肉品卫生质量。下面以生猪屠宰检疫为例,说明畜禽屠宰检疫的岗位设置与岗位职责。

一、生猪屠宰检疫的岗位设置

　　生猪屠宰检疫的岗位设置应当与检疫程序相一致,检疫程序的设定应当符合《畜禽屠宰卫生检疫规范》(NY 467—2001)的规定和要求(图 2-1)。

　　其岗位设置情况如下。

　　岗位1:设置在生猪屠宰厂(场)的大门口,负责对送宰生猪验证查物,实施待宰生猪入厂(场)检疫监督。

　　岗位2:设置在待宰圈,负责入厂(场)生猪宰前停食管理和宰前检疫。

　　岗位3至岗位6:设置在屠宰车间的前段至中段,分别负责生猪的头部检疫、内脏检疫、胴体检疫和寄生虫检疫。

　　岗位7至岗位9:设置在屠宰车间的后段,分别负责合格产品的复检、加施检疫标志和出具检疫证明。

　　岗位10:设置在隔离圈,负责对进入隔离圈的生猪实施隔离观察、疾病诊断。

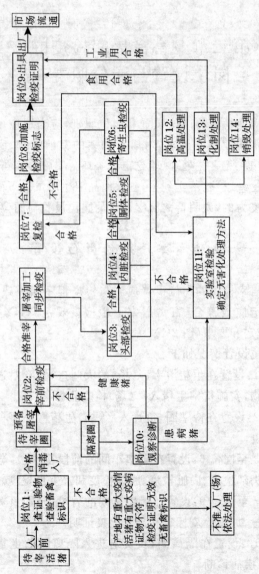

图2-1 生猪屠宰检疫程序

岗位 11：设置在实验室，负责对各检疫岗位检查出的不合格生猪及其产品进行实验室检验，确定无害化处理方法。

岗位 12 至岗位 14：设置在无害化处理部位，分别负责病害产品的高温处理、化制处理、销毁处理。

在大、中型生猪屠宰加工厂（场），生猪屠宰检疫岗位设置原则如上所述，而每个岗位检疫监督人员的数量安排，则应视生猪屠宰加工企业的生产量来确定。

牛、羊屠宰检疫和禽类屠宰检疫的岗位则应根据本身的屠宰加工过程特点和检疫工作需要进行设置。

二、生猪屠宰检疫的岗位职责

（一）入厂（场）检疫监督岗位职责

1. 对入厂（场）屠宰生猪实施查证验物

第一，运载生猪数量应与生猪产地动物检疫机构出具的检疫合格证明（图 2-2，图 2-3）相符。

第二，生猪加施有"畜禽标识"，检疫合格证明在有效期内。

第三，符合第一、第二项，且生猪外观健康者准予入厂。

第四，不符合第一、第二、第三项者，不准入厂。对具有重大疫病明显病症的除不准入厂外还须报告动物防疫监督机构处理。

2. 对运载生猪的车辆实施防疫消毒

第一，对进出厂（场）运载生猪的车辆及其他车辆全部进行喷雾消毒。

第二，及时补充消毒池内的消毒液。

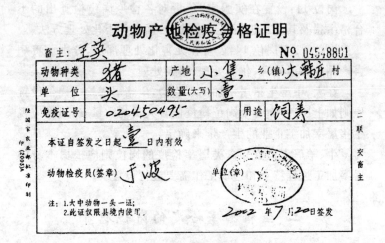

图 2-2　动物产地检疫合格证明

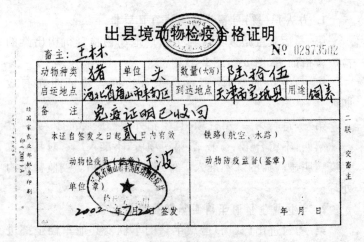

图 2-3　出县境动物检疫合格证明

3. 收取屠宰检疫费和车辆消毒费

第一,按国家物价、财政部门规定的标准收取检疫费和车辆消毒费。

第二,开具省级财政部门统一印制的行政事业性收费收据。

第三,每日结账,填写收入凭证,附上收据第三联交动物防疫监督机构会计室。

4. 负责填写畜禽入厂(场)检疫登记表 参见表2-1。

表2-1 畜禽入厂(场)检疫登记表

屠宰厂(场)名称: 单位:头(只)

日期	货主姓名	动物种类	畜禽产地(省、县)	数量	有检疫证数量	补检数量	检疫结果		检疫后处理			无害化处理数	处理方式			防疫措施	检疫负责人签字
							合格	不合格	进厂	隔离	急宰		高温	化制	销毁		

5. 整理收缴的检疫证明 每日将检疫证明装订成册,存档备查。

(二)宰前检疫岗位职责

第一,对入厂(场)待宰生猪实施宰前停食管理。

第二,对预备屠宰生猪实施宰前检疫和检查后处理。按待宰圈或货主送宰批次进行群体健康检查,合格者出具畜禽准宰通知书(表 2-2)。发现普通病猪、可疑病猪送隔离圈,填写病畜禽及其产品检疫检验情况记录表(表 2-3)并送实验室检验。发现口蹄疫、猪水疱病、猪瘟、狂犬病、炭疽时,立即封锁现场并向动物防疫监督机构报告疫情。

表 2-2 畜禽准宰通知书

年 月 日 编号:

货主姓名		畜禽产地		省 县
动物种类		屠宰数量		头(只)
宰前检疫情况				1. 法律依据:《中华人民共和国动物防疫法》、国务院《生猪屠宰管理条例》 2. 执行标准:农业部《畜禽屠宰卫生检疫规范》(NY 467—2001) 3. 检疫检验方法: 4. 检疫结果: 检疫员(签字):
检疫部门意见				依照农业部《畜禽屠宰卫生检疫规范》(NY 467—2001)规定,准予屠宰 检疫机构(盖章): 年 月 日

表 2-3 病畜禽及其产品检疫检验情况记录表

货主：   编号：

动物种类或动物产品名称	单 位		数 量	
产 地			检疫证号	
同群屠宰数	头（只）	检出病害动物数		头（只）
初检情况记录	检疫员：		年 月 日	
复检和化验室检验情况	检验员：		年 月 日	
检验结论和处理意见	检验负责人：		年 月 日	
检疫部门处理意见	检疫负责人：		年 月 日	

第三，监督厂方对卸猪台、待宰圈、赶猪通道及相关场地和用具进行防疫消毒。

第四，负责填写畜禽宰前检疫情况登记表（表 2-4）。

表 2-4　畜禽宰前检疫情况登记表

屠宰厂（场）名称：　　　　　　　　　　　　　　　　　　　　　　　单位：头（只）

日期	动物种类	待宰数量	检疫结果		检疫后处理				无害化处理数	处理方式			防疫措施	检疫负责人签字
			合格数	不合格数	准宰数	隔离数	急宰数	扑杀数		高温	化制	销毁		

（三）头部检疫岗位职责

第一，专职进行生猪屠宰的炭疽检疫，生猪屠宰放血后，在入烫池之前剖检颌下淋巴结。

第二，发现可疑病猪时，立即暂停屠宰生产，迅速采样密封保存并填写病畜禽及其产品检疫检验情况记录表，送实验室检验，其胴体不得移动。

第三，确诊为炭疽病猪时，立即封锁现场，向动物防疫监督机构报告疫情，采取紧急措施，对可能污染的场地、用具、工作服、胶靴等进行严格消毒。

第四，炭疽病猪的胴体、内脏、皮毛和血（包括可能被污染的血）用不漏水的工具运至无害化处理点进行销毁处理。

第五，同批产品及副产品作销毁处理。

(四)内脏检疫岗位职责

第一,检查心脏、肝脏、肺脏(俗称"红下水")以及胃、肠、脾脏(俗称"白下水")有无肿胀、出血、质变以及疾病感染的特异性变化和寄生虫。

第二,按检疫规程剖检肺脏、心脏、肝脏、肠系膜淋巴结。肺脏剖检左、右支气管淋巴结;心脏剖检应暴露左、右心房和心室;肝脏剖检肝门淋巴结,必要时切开肝脏检验;白下水剖检肠系膜淋巴结。

第三,发现染疫、疑似染疫和特征性病变按规定加施标记,并通知胴体检疫人员对相同编号的胴体加施标记。

(五)胴体检疫岗位职责

第一,负责按检疫规程进行体表、肾脏和必检淋巴结的检验。

第二,负责按检疫规程剖检股内侧肌和腰肌,进行囊尾蚴、住肉孢子虫等寄生虫检验。

第三,发现囊尾蚴、住肉孢子虫等寄生虫和可疑情况时,按规定对胴体加施标记。

(六)寄生虫检疫岗位职责

第一,于膈肌脚采样进行旋毛虫、住肉孢子虫检验。

第二,发现可疑情况立即送实验室检验,并对胴体加施标记。

第三,负责填写病畜禽及其产品检疫检验情况记录表,并送实验室。

(七)复检岗位职责

第一,负责对检疫合格的胴体进行出厂前的复检。其具体内容包括:查验必检部位是否已实施检疫;查验剖检刀痕是否规范;查验重点疫病如炭疽、猪瘟、口蹄疫、猪丹毒和寄生虫病。

第二,负责对各检疫岗位(不含实验室)检出的染疫、疑似染疫并加施标记的胴体做出判定和评价;将加施标记的胴体予以暂时封存;报告驻厂(场)检疫负责人;按检疫规程实施检验;临检不能确诊的,采样送实验室检验。

第三,负责填写病畜禽及其产品检疫检验情况记录表。

第四,负责填写畜禽屠宰同步检疫登记表(表2-5)。

表2-5 畜禽屠宰同步检疫登记表

屠宰厂(场)名称: 单位:头(只)

日期	动物种类	屠宰数量	检疫结果		无害化处理	处理方式			收回畜禽标识数	检疫出证数	防疫措施	检疫负责人签字
			合格	不合格		高温	化制	销毁				

（八）盖章岗位职责

第一，负责对经检疫检验合格的胴体逐一加盖"肉检验讫"印章，不得漏盖印章。

第二，对未经检疫的、检疫不合格的和标记待查的胴体不得加盖"肉检验讫"印章。

第三，规范认真地加盖印章，做到部位适宜，字迹清晰，着色均匀，无间断，无涂抹。

第四，发现胴体有可疑情况时不得加盖印章，立即报告有关负责人。

第五，保管和使用印章，防止丢失或被盗，防止人为损坏，备足印色保证使用。

（九）出证岗位职责

第一，负责对检疫合格的胴体、头、蹄、内脏出具动物产品检疫合格证明（图 2-4，图 2-5）。

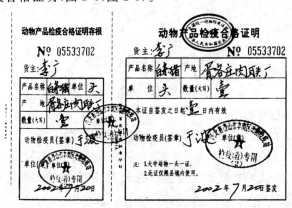

图 2-4　动物产品检疫合格证明

图 2-5　出县境动物产品检疫合格证明

　　第二，动物产品检疫合格证明填写应规范、清楚，项目、印章齐全，不得涂改。

　　第三，产品检疫合格证明存根，按出证日期和存根序号存放，定期交回票证保管员。

　　第四，保存好动物产品检疫合格证明，防止丢失、被盗、污染和损坏。

(十)隔离观察岗位职责

　　第一，负责对送往隔离圈的病猪、可疑病猪进行隔离观察和临床检查诊断。

　　第二，经临床检查判为健康的猪只送回待宰圈。

　　第三，经临床检查不能确诊的，采取病料送实验室检验。确诊为传染病的按管理规定进行分类处理；确诊为普通病的提出急宰建议。

　　第四，监督屠宰企业加强隔离圈防疫管理。建立隔离观察和防疫消毒制度;严格隔离管理,防止隔离圈内交叉感染;严格诊疗器械、诊疗场地、防护用品的防疫消毒;保持隔离场地、用具清洁,严格防疫消毒。

第五,负责填写病畜禽及其产品检疫检验情况记录表并送实验室。

(十一)实验室检验岗位职责

第一,负责按检疫规程对各检疫岗位送检的染疫、疑似染疫动物或产品的检验样品及时进行检验。做好常检项目的应检准备工作;对送检项目不得借故拖延检验;对检验结果及时出具检验报告。

第二,负责审查核实各检疫岗位检出的染疫病畜和不合格产品,确定无害化处理方法;出具病害畜禽及其产品无害化处理通知书(表 2-6);加施无害化处理印章(图 2-6)。

表 2-6 病害畜禽及其产品无害化处理通知书

货主: 编号:

动物种类或动物产品名称		单　位		数　量	
畜禽产地	省　　县	检疫证号			
同群畜禽数	头(只)	检出病害动物数			头(只)
检疫检验情况	1. 法律依据:《中华人民共和国动物防疫法》、国务院《生猪屠宰管理条例》 2. 执行标准:《畜禽病害肉尸及其产品无害化处理规程》(GB 16548—1996)、农业部《畜禽屠宰卫生检疫规范》(NY 467—2001) 3. 检疫检验方法: 4. 确诊: 检验负责人:　　　　　　　　　　　　　年　　月　　日				

货主：　　　　　　　　　　　　　　　　　　　　　编号：

动物种类或 动物产品名称		单　位		数　量	
畜禽产地	省　　县	检疫证号			
同群畜禽数	头（只）	检出病害动物数			头（只）

检疫部门处理决定	依据《畜禽病害肉尸及其产品无害化处理规程》(GB 16548—1996)、农业部《畜禽屠宰卫生检疫规范》(NY 467—2001)之规定，对病畜禽＿＿＿＿头（只）作＿＿＿＿处理，其产品作＿＿＿＿处理；对同群畜禽＿＿＿＿头（只）作＿＿＿＿处理，其产品作＿＿＿＿处理
	检疫负责人：　　　　　　　　　　　　　检疫部门（盖章） 　　　　　　　　　　　　　　　　　　　　年　　月　　日
处理结果	
	处理人：　　　畜货主：　　　　　　　　　　年　　月　　日

各边长45毫米　长80毫米，宽37毫米　长45毫米，宽20毫米　对角线长60毫米

图 2-6　无害化处理印章、印模示意

第三，负责填写病畜禽及其产品检疫处理登记表（表2-7）。

表2-7 病畜禽及其产品检疫处理登记表

屠宰厂（场）名称：

日期	货主姓名	送检表编号或产品名称	动物种类	同群数	送检数	检出病患数	畜禽产地(省、县)	产地检疫证明(有无)	补检(补、未)	初检疾病	确诊疾病	畜禽处理方式				产品处理方式				无害化处理数	检验负责人签字
												准宰	隔离	急宰	扑杀	无制出厂	限制出厂	高温	化制	销毁	

注：畜禽计量单位为头（只），产品计量单位为千克

第四，负责畜禽屠宰检疫登记表和畜禽屠宰厂（场）屠宰检疫统计表（表2-8）的汇总、上报和存档。

表 2-8　畜禽屠宰厂(场)屠宰检疫统计表

屠宰厂(场)名称：　　　　　　　　　　　　　　　　　　　　单位:头(只)

日期	动物种类	入场检疫			宰前检疫			同步检疫			无害化处理数	处理方式			收回禽畜标识数	检疫出证数量	检疫负责人签字
		数量	检疫结果		数量	检疫结果		数量	检疫结果			高温	化制	销毁			
			合格	不合格		合格	不合格		合格	不合格							

第五,负责监督厂(场)方对畜禽屠宰车间、用具保持清洁和实施防疫消毒。

第六,负责检验设备的日常管理、使用、保养和维修工作。

(十二)无害化处理岗位职责

第一,对经检疫检验确定为染疫动物或染疫产品(简称被处理物品)进行销毁、化制或高温处理前的监督检查。查验病害畜禽及其产品无害化处理通知书填写是否齐全;查验被处理物品与病害畜禽及其产品无害化处理通知书是否相符;督促被处理物品货主、处理单位负责人签字。

第二,负责销毁、化制或高温处理的监督检查。严格按

《中华人民共和国动物防疫法》、《畜禽病害肉尸及其产品无害化处理》规程（GB 16548—1996）和《畜禽屠宰卫生检疫规范》（NY 467—2001）规定的处理方法进行无害化处理；无害化处理未达到规定标准的被处理物品不得运离无害化处理间。

第三，负责填写病害畜禽及产品无害化处理登记表（表2-9），每日报送实验室。

表2-9　病害畜禽及其产品无害化处理登记表

日期	货主姓名	无害化处理通知书编号	动物种类或产品名称	畜禽产地(省、县)	确诊疾病	无害化处理数	无害化处理方式			处理后产品			检疫员签字
							高温	化制	销毁	高温肉	食用油	工业油	

注：畜禽计量单位为头（只），产品计量单位为千克

牛、羊屠宰检疫岗位职责、禽类屠宰检疫岗位职责可参照生猪屠宰检疫岗位职责，根据《畜禽屠宰卫生检疫规范》（NY 467—2001）的规定和本行业屠宰加工特点以及检疫工作需要作适当调整。

第三章　生猪的屠宰检疫

一、宰前管理

(一)入厂(场)检疫

待宰生猪由产地运至屠宰加工企业,检疫人员应认真做好以下几项工作。

1. 查证验物　检疫人员应向运输生猪人员索取生猪产地动物防疫监督机构签发的检疫合格证明,并临车检查生猪运载数量、健康状态和畜禽标识佩戴情况。检疫合格证明有效、运载生猪证物相符、猪只精神状态无异常、耳标佩戴齐全的,准予入厂卸载。

2. 病健分群　卸载过程中,检疫人员要认真观察每头猪的外貌、运动姿势、精神状况等,如发现异常,立即剔出隔离,待验收后进行详细检查和处理。赶入待宰圈的生猪,应当按不同产地、不同批次分圈存放,不可混养。

3. 疫情处理　发现产地有重大疫情发生或发生疑似重大疫病,或运输的生猪发生死亡时,运输的生猪不得入厂,检疫人员应立即报告动物防疫监督机构,并做详细的临床检查和实验室诊断。待确诊后,按动物防疫法律、法规规定进行防疫消毒和无害化处理。

4. 违规行为的处理　运输生猪无检疫证明或检疫证明无效,或证物不符,或生猪无畜禽标识的,立即报动物防疫监督机构立案查处。对运输的生猪,检疫人员进行健康检查,全部临床健康时准予卸下,赶入隔离圈,逐头进行个体检疫,全部合格时赶入待宰圈。检查运载生猪发现异常时,不准卸载,在厂(场)外进行防疫消毒和其他处理。

(二)停食管理

待宰生猪长途运输后经充分休息,可以提高抗病能力,保证肉品质量。为此,生猪屠宰前,要实施一定时间的停食。

按规定生猪应停食 12～24 小时,但必须保证充分的饮水,直到宰前 3 小时停止供给饮水。待宰生猪不进入待宰圈,生猪运到即行屠宰的,停食管理应当在饲养场进行。

(三)卫生防疫管理

待宰生猪在待宰期间应加强卫生防疫管理,圈舍内粪便要及时清除,保证清洁、通风,防止圈内生猪密度过高,造成拥挤和空气浑浊。每日进行 1 次防疫消毒,生猪饮用水应符合卫生标准,生猪屠宰加工前应进行淋浴净体。

此外,还应要求货主采取措施,保护生猪在运输途中的安全,装载不得拥挤,为待宰生猪提供必要的空间,防止挤压致死。

二、宰前检疫

生猪的宰前检疫,采用群体检查和个体检查相结合的方法。

(一)群体检查

屠畜可按批次分组,或以圈为单位进行下列检查。

1. 静态观察 检疫人员深入到圈舍,在不惊动屠畜使其保持自然安静的情况下观察屠畜的精神状况、睡卧姿势和呼吸状态,观察有无咳嗽、气喘、战栗、呻吟、流涎、嗜睡和离群等现象。

2. 动态观察 经过静态的观察后,可将屠畜轰起,观察其活动姿势。注意有无跛行、后腿麻痹、步态摇晃、屈背弓腰和离群等现象。

3. 饮食状态观察 观察采食和饮水状态,注意有无停食、不饮水等异常状态,少食、想食又不能吞咽的,应标以记号,留待进一步检查。

群体检查发现精神状况、睡卧姿势、呼吸状态、运动姿势、饮食和饮水异常的生猪剔出隔离,进行详细的个体检查。

(二)个体检查

经群体检查剔出隔离的病弱生猪应逐头进行详细的个体检查,通常用看、听、摸、检 4 种方法。

1. 看 观察病猪的精神、行为、姿态,被毛有无光泽,有无脱毛现象,观察皮肤、蹄、趾部、趾间有无肿胀、丘疹、水疱、脓疱和溃疡等病变。检查可视黏膜是否苍白、潮红、黄染,注意有无分泌物或炎性渗出物,并仔细查看排泄物的性状。

2. 听 直接听取病猪的叫声、咳嗽声,借助听诊器听诊心音、肺呼吸音和胃、肠蠕动音。

屠畜的正常体温、呼吸和脉搏见表 3-1。

表 3-1 屠畜的正常体温、呼吸和脉搏

畜 别	体温(℃)	呼吸(次/分)	脉搏(次/分)
猪	38～40	12～20	60～80
牛	37.5～39.5	10～30	40～60
羊	38～40	12～30	70～80

3. 摸 用手触摸屠畜的脉搏、耳和皮肤的温度,触摸浅表淋巴结的大小、硬度、形状和有无肿胀,胸部和腹部有无压痛点,皮肤上有无肿胀、疹块、结节等,结合体温测定的结果加以分析。

4. 检 对可疑患有人兽共患病的病猪还须结合临床症状,有针对性地进行血液、尿液的常规检查以及必要的病理解剖学和病原微生物学等实验室检验。

三、宰前检疫结果的处理

待宰生猪经宰前检疫,应根据检疫结果作如下处理。

(一)准 宰

经检疫确定为健康的生猪准予屠宰,检疫人员签发准宰通知书,只允许具有准宰通知书的待宰生猪进入屠宰线。

(二)禁 宰

禁宰生猪必须采取不放血的方法扑杀并进行销毁的,由检疫员出具无害化处理通知书,监督货主按规定的方法进行无害化处理。

发现或疑似口蹄疫、猪水疱病的生猪及同群猪,发现猪瘟的生猪及同群猪,一律禁止屠宰,立即报告动物防疫监督机构,采用不放血的方法扑杀,并进行销毁和防疫消毒。

发现患炭疽的生猪一律不准屠宰,立即报告动物防疫监督机构,采用不放血的方法扑杀,并进行销毁和防疫消毒。注射炭疽疫苗的动物须经 14 天方可屠宰。

发现患有狂犬病的生猪不得屠宰,立即报告动物防疫监督机构,采取不放血方法扑杀,并进行销毁和防疫消毒。

发现患有布鲁氏菌病、日本血吸虫病、弓形虫病、囊尾蚴病的生猪不得屠宰,采取不放血方法扑杀,并进行销毁。

(三)急 宰

为减少经济损失,对患有无碍食肉卫生安全的普通病的生猪,以及确诊为炭疽、狂犬病、布鲁氏菌病、日本血吸虫病、弓形虫病、囊尾蚴病生猪的同群猪,须进行急宰。急宰生猪的胴体、内脏均须作高温处理。

(四)缓 宰

宰前检疫疑似一般传染病而未确诊的生猪,或确诊为可治愈的其他疾病的生猪,应予缓宰。

四、屠宰同步检疫

生猪屠宰同步检疫是指生猪屠宰过程中,对同一头屠畜的胴体、内脏、头、蹄(皮张)进行的同时、等速、对照的检疫。在机械化流水生产线上,为防止不同屠畜的胴体、内脏、头、蹄(皮张)相互混淆,可采取对屠畜按屠宰顺序统一编号,同一屠畜的胴体、内脏、头、蹄(皮张)挂牌或粘贴同一号码的方法,以方便发现问题时进行对照检验。

生猪屠宰同步检疫的程序为头部检疫、内脏检疫、胴体检疫、寄生虫检疫和复检等步骤。

(一)头部检疫

猪的头部检疫是指剖检颌下淋巴结和咬肌。剖检颌下淋巴结的目的是检验猪的局限性炭疽和结核病,这一操作必须在生猪屠宰放血之后、入烫池之前进行;剖检咬肌在胴体检疫时进行。

颌下淋巴结位于下颌间隙,颌下腺的前面,被腮腺的口端所覆盖,呈卵圆形或扁椭圆形,长 2.8～5.2 厘米,宽 1.7～3.2 厘米,厚 1.2～1.8 厘米,由 1～7 个淋巴结组成。

致昏后并倒悬挂在架空轨道上的生猪在屠宰放血之后,腹面朝向检验者。

颌下淋巴结剖检术式见图 3-1。操作时助手以右手握持猪的右前肢掌骨部;左手持检疫钩,钩住颈部放血切口右侧壁中间部分,向右牵开切口。检验者以左手持钩,钩住切口左侧壁中间部分,向左牵开切口;右手持刀将切口向深部纵切一刀,深达喉头软骨;再以喉为中心,朝下颌骨内侧左右各作一弧形切口,便可在下颌骨内缘、颌下腺的下方剖检出颌下淋巴结。

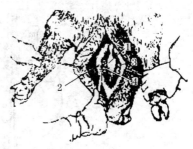

图 3-1 颌下淋巴结剖检术式
1. 咽喉头隆起 2. 下颌骨角
3. 颌下腺 4. 颌下淋巴结

(二)内脏检疫

1. 红下水检疫 肺脏、心脏与肝脏称为红下水,解体后连在一起进行宰后检疫。

将被检脏器编记与胴体相同的号码,放在检验台上,使脏器的纵隔面向上,纵沟正对检验者,左肺叶在检验者的左侧,肺脏的膈叶端与检验者接近。

（1）剖检肺脏　观察色泽、形态、大小是否正常,触检其弹性,有无结节、硬块等,然后剖检左、右支气管淋巴结,以了解肺脏、气管、食管等被感染情况。

左支气管淋巴结位于左支气管分叉处的背面,其左上方被主动脉与食管所覆盖(图3-2)。以左手拇指、食指提起主动脉和食管走过支气管的部分,其余三根手指伸直托住左肺的肺叶面略向外翻转,在主动脉(或食管)与支气管之间的脂肪上,朝向支气管分支处作一切口,可见左支气管淋巴结。

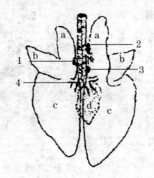

图3-2　猪肺脏淋巴结分布图(仿)

1. 左支气管淋巴结　2. 尖叶淋巴结

3. 右支气管淋巴结　4. 中支气管淋巴结

a. 尖叶　b. 心叶(中叶)　c. 膈叶　d. 副叶

右支气管淋巴结位于进入右肺基部的右支气管分叉处,尖叶支气管淋巴结位于右尖叶支气管起始部与气管之间的夹角中。这两组淋巴结都位于支气管的腹面(图3-3)。以左手拇指与食指擒住右肺尖叶的基部,提起肺脏,其余手指与手掌将肺脏的膈面托住,向外翻转,使右肺尖叶、右肺膈叶与气管分叉处暴露,在右肺尖叶的基部与气管之间,紧靠气管向下作一切口,深达支气管分支处,可见这两组淋巴结。

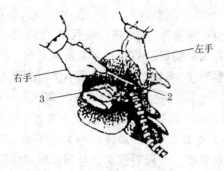

图 3-3　右支气管淋巴结与尖叶淋巴结的平案剖检术式

1. 右肺尖叶　2. 尖叶气管淋巴结　3. 右支气管淋巴结

（2）剖检心脏　观察心包和心包液有无变化；心脏的形态、大小以及表面性状变化，如冠状沟脂肪量和性状等；心外膜有无炎性渗出物、纤维化变化以及有无囊尾蚴寄生等。

将心脏平放在检验台上，左手持检疫钩钩住心脏左纵沟以固定心脏，右手持刀在与左纵沟平行的心脏后缘（两房室分界处）纵剖心脏，切开左、右房室（图 3-4），观察房室瓣、心内膜和心肌。

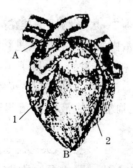

图 3-4　猪心脏剖检术式

1. 纵沟——检疫钩着钩处　2. AB 线是纵剖心脏的切线

（3）剖检肝脏　观察肝脏大小、形状、实质、颜色，必要时切开检验。检查血液擦过量、切面颜色、有无隆突、小叶性状、病灶变化和有无肿瘤、寄生虫等，了解肝脏、十二指肠的被感染状况。观察胆囊、胆管变化，但注意不能切破胆囊。

肝淋巴结位于肝脏腹面，肝门附近肝动脉入口处，被脂肪包裹。左手持钩，钩起肝门处的脂肪，切开即可见肝门淋巴结。

2. 白下水检疫　胃、肠和脾脏称为白下水，解体后连在一起进行宰后检疫。受检脏器编记与胴体相同的号码。将胃放置在检验者左前方，把大肠圆盘放在检验者面前，再把肠系膜在大肠圆盘上铺开。

观察胃、肠和脾脏的浆膜面有无出血、水肿、化脓、溃疡、坏死和梗死等病变。

在肠系膜上作一与小肠平行的切口，切开索状隆起，即可在脂肪中剖出肠系膜淋巴结。观察淋巴结有无肿胀、出血，周围组织有无胶样浸润等。

（三）胴体检疫

在屠宰加工过程中，屠畜胴体倒挂在架空轨道上，依屠宰次序统一编号（与头、内脏编号相同），进行宰后同步检疫。

1. 一般视检　观察皮肤外表、皮下组织、脂肪组织、肌肉组织、骨组织的颜色，注意有无出血点；观察腹膜、胸腔有无炎症和出血；观察浅在血管中血液的潴留程度和肌肉断面的潮湿程度。

2. 剖检部位

（1）腹股沟浅淋巴结　胴体在倒挂状态下，腹股沟浅淋巴结位于最后一个乳头稍上方 3～6 厘米处的皮下脂肪层中（图3-5）。

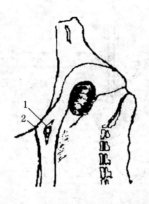

图 3-5 猪腹股沟浅淋巴结的剖检术式

1. 检疫钩着钩处

2. 剖验腹股沟浅淋巴结的切口与切口中的淋巴结

左手持钩,钩住最后乳头稍上方的皮下组织牵向外侧;右手持刀,在腹壁脂肪组织层正中,由上向下作一纵向切口,可见该淋巴结被剖开。检查腹股沟浅淋巴结可了解后半部躯体以及后肢被感染情况。

(2)股内侧肌 位于股部内侧皮下,是以内收肌群为主构成的远体端为顶角的三角形肌肉组织,剖检本部位可检查有无囊尾蚴感染寄生。

左手持钩,钩住股内侧皮肤断端,牵向外方;右手持刀,由三角形肌肉组织的假设顶角向假设底线作一垂直切口,顺股骨方向切开肌肉,暴露肌肉深层 3～5 厘米。

(3)髂内淋巴结 位于髂外动脉与腹主动脉之间的夹角中,大小约 4.3 厘米×1.5 厘米×1.2 厘米,呈长椭圆形,有 1～3 个(图 3-6)。剖检本部位可了解后半部躯体深部组织感染情况。

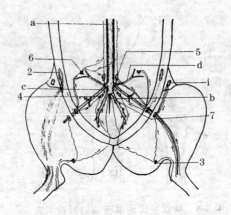

图 3-6 猪后躯淋巴结及淋巴流的方向

1. 膝上淋巴结 2. 腹股沟浅淋巴结 3. 腘淋巴结
4. 腹股沟深淋巴结 5. 髂内淋巴结 6. 髂外淋巴结 7. 荐淋巴结
a. 腹主动脉 b. 髂内动脉 c. 髂外动脉
d. 旋髂深动脉 e. 荐中动脉

在倒数第一、第二腰椎结合处，与脊柱呈 30°～45°角斜向上方，可找到髂内淋巴结和腹股沟深淋巴结，用刀切开检查。

(4)腰肌 位于胴体腰部脊柱腹侧，腰椎椎体的两旁以及膈肌脚的外侧。剖检本部位可检查有无囊尾蚴寄生。

左手持钩固定胴体，右手持刀在腰肌部位用刀刃紧贴脊柱向下切开，使腰肌与脊柱分离；用钩钩住已切开的腰肌中部，拉向外侧；在暴露的切面上顺肌纤维方向作纵向切口，检验两侧腰肌(图 3-7)。

(5)肾脏 左、右肾脏相对称，呈扁长的椭圆形，位于前四个腰椎横突的腹侧，在腹膜外，脂肪囊内。剖检肾脏可了解肾脏被感染和寄生虫寄生情况。

①检验左侧肾脏 右手持刀，在肾脏边缘处，顺着肾脏纵长，用刀轻轻划开一条约 3 厘米长的切口，深度以切穿肾包膜

为度;左手持钩,用钩钩住肾盂部分,向检验者的左下方牵引,并用力将钩向外滚动(图 3-8)。同时,右手将刀尖插入肾包膜的切口内,用刀背挑起肾包膜;左、右两手同时动作,剥出肾脏。左手钩住肾脏不动,右手用刀沿肾脏外缘切开肾脏至肾盂。检查色泽、质度和有无出血点。

图 3-7　猪腰肌剖检术式

AB 为切开腰肌的切线

C 为被切开的腰肌

**图 3-8　猪左侧肾脏剥
离肾包膜术式**

1. 检疫钩牵引及转动的方向

2. 刀尖挑拨肾被膜切口的方向

②检验右侧肾脏　右侧肾脏的剥离方法与左侧肾脏基本相似,自肾脏脂肪囊的表面作一切口掏取肾脏;剥离肾包膜的切口在肾脏的右上方(检验者方位),着钩的部位在肾脏上方切口附近;钩、刀的牵挑方向在一条直线上,钩向下牵引,刀背向上挑肾包膜,向上、下方向同时用力,并且钩子不转动(图3-9)。

(6)颈浅背侧淋巴结(肩前淋巴结)　活猪的颈浅背侧淋巴结位于肩关节前上方,肩胛横突肌和斜方肌的深面,颈下锯肌的外侧（图 3-10）。剖检本部位可了解头部与躯体前半部分被感染的情况。

图 3-9　猪右侧肾脏剥离肾包膜术式

1. 用刀尖挑拨肾包膜切口的方向

2. 检疫钩着钩部位和剥离时牵引的方向

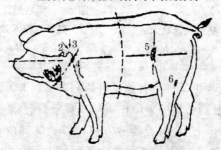

图 3-10　猪浅层淋巴结位置示意

（箭头表示淋巴流方向）

1. 颌下淋巴结　2. 腮淋巴结　3. 咽后外侧淋巴结

4. 颈浅背侧淋巴结　5. 髂下淋巴结　6. 腘淋巴结

在被检胴体的侧面,紧靠肩端处,设一条横线(胴体方位),估算胴体颈基部侧面的宽度(图 3-11);再设一条纵线,将横线垂直等分;两线交点向脊背方向移动二指处为刺入点。以刀尖垂直点刺颈部皮肤和肌肉组织,并向下切开 2～3 厘米,在切口上端深处即可发现被检淋巴结。必要时增检颈深后淋巴结和腘淋巴结。

(7)咬肌 位于下颌骨下颌支的外侧,呈扇形。剖检本部位可观察有无囊尾蚴寄生。

①头部未分割 在咬肌部位,下颌支前缘,切开皮肤、肌肉,暴露咬肌深层。

②头部已分割 从下颌支外侧,与下颌支平行切开咬肌。

必要时增检肩胛外侧肌。

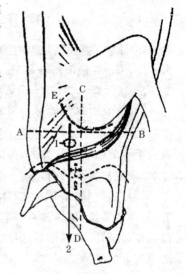

图 3-11 猪颈浅背侧淋巴结的剖检术式

1. 颈浅背侧淋巴结

2. 切口线

EF 是肩端弧线

AB 是颈基底部宽度

CD 是 AB 线的等分线

(8)横膈肌脚采样 横膈膜附着在腰部的肌质部分,于此处采样可检验有无旋毛虫、住肉孢子虫寄生。采样方法是:用钩钩住游离部分,用刀割取膈肌脚,每侧各 30 克。

(四)寄生虫检疫

1. 目检　撕去膈肌脚的肌膜,在充足的光照下,先观察肌肉表面,再剪开肌肉检查有无旋毛虫和住肉孢子虫寄生。

2. 镜　检

(1)剪取肉样　取经过目检的膈肌脚,用拇指第一节、中指第二节将肌纤维顺手指方向,平展固定在食指第二节上;用弯圆手术剪顺肌纤维方向,按随机采样的要求,自膈肌脚上剪取 24 粒麦粒大小的肉样。

(2)压片　将剪取的 24 粒肉样均匀摆放在两块载玻片上,每块摆 2 排,每排放置 6 粒;在摆放好肉样的载玻片上再盖一片载玻片,用手指适度压迫,将肉样压薄至能透过肉片看清书报上的字体。

(3)检验　用低倍显微镜,从压片一端第一块肉片的边缘开始,顺肌纤维方向依次观察,直到另一端的最后一块肉片为止,不得漏检任何一块肉片。

(五)复　检

为确保生猪屠宰肉品卫生质量,最大限度地防止病害肉品出厂,屠畜宰后经过头部检疫、内脏检疫、胴体检疫、寄生虫检疫等环节的检疫后,还须进行一次全面复检,即生猪屠宰过程的终点检疫。

复检的主要任务是查验生猪屠宰检疫各检疫点的检验结果,对屠畜胴体的卫生质量进行综合判定。一是对检疫合格的肉品及其他产品予以通过;二是提出被检出病害肉的无害化处理方法;三是对被检出的可疑病变进行判定和评价,必要时可以辅助实验室检验。

五、宰后检疫结果的处理

（一）检疫合格产品的处理

检疫合格产品准予出厂（场）进入流通环节，由检疫人员作如下处理。

第一，胴体加盖检疫验讫印章。

第二，分割产品使用加印检疫标志的包装袋或在包装袋上加贴检疫标志。

第三，出具产品检疫合格证明。

（二）发现动物疫病时的处理

宰后检疫发现动物疫病时，应根据不同情况采取不同的处理措施。

发现口蹄疫、猪水疱病、猪瘟、狂犬病、炭疽时，立即停止生产，封锁现场；生产车间彻底清洗、严格消毒；立即向当地动物防疫监督机构报告疫情；病畜胴体、内脏及其他产品作销毁处理；同批产品及副产品作销毁处理；各项处理经动物防疫监督机构检查合格后方可恢复生产。

发现布鲁氏菌病、弓形虫病、结核病、日本血吸虫病时，立即停止生产，封锁现场；生产车间彻底清洗、严格消毒；立即向当地动物防疫监督机构报告疫情；病猪胴体、内脏及其他产品作销毁处理；同批产品及副产品中与病猪产品相邻的前 3 后 5 作高温处理，其余按正常产品出厂（场）。

发现上述传染病之外的（不包括国内未发现的）传染病时，根据疾病的危害性，对病猪胴体、内脏及其他副产品作相应无害化处理。

发现囊尾蚴和钙化的虫体的,屠畜全尸作化制或销毁处理;发现旋毛虫包囊或钙化虫体的,屠畜头、胴体、心脏作化制或销毁处理;发现住肉孢子虫的,屠畜全尸作高温或销毁处理。发现上述寄生虫之外的寄生虫的,进行如下处理:病变严重,肌肉有退行性变化的,屠畜胴体和内脏作化制或销毁处理;病变轻微的,剔除病变部分作化制或销毁处理,其余部分高温处理后出厂(场)。

发现肿瘤时,进行如下处理:在1个器官发现肿瘤,胴体不瘠瘦的,患病器官作化制或销毁处理,其余部分高温处理后出厂(场);胴体瘠瘦或肌肉有病变的,全尸化制或销毁处理。在2个或2个以上器官发现肿瘤病变的,屠畜全尸作化制或销毁处理。确诊为淋巴肉瘤、白血病或鳞状上皮细胞癌的,屠畜全尸作化制或销毁处理。

发现普通病、中毒和局部病损时,按以下规定处理:发现脓毒症、尿毒症、黄疸、过度消瘦、大面积坏疽、急性中毒、全身肌肉和脂肪变性、全身性出血的屠畜,全尸化制或销毁处理;局部发现有创伤、化脓、炎症、硬变、坏死、寄生虫损害、严重的淤血、出血、病理性肥大或萎缩、异色、异味及其他有碍卫生的部分,割除病变部分作化制或销毁处理,其他部分不受限制出厂(场)。

(三)高温、化制、销毁产品的处理程序

第一,实验室检疫人员出具加盖有动物防疫监督机构印章的无害化处理通知书。

第二,病猪胴体由检疫人员加盖与无害化处理意见相一致的处理印章,并监督货主在屠宰厂(场)内按规定进行高温、

化制、销毁等无害化处理。

第三，内脏、割除的病害部位，由负责无害化处理的检疫人员监督货主和厂(场)方在屠宰厂(场)内按规定分别进行高温、化制、销毁等无害化处理。

第四章 牛、羊的屠宰检疫

一、宰前管理

牛、羊屠宰检疫的宰前管理分为入厂（场）检疫与停食管理两部分，内容与生猪屠宰检疫管理大致相同，可参照生猪屠宰检疫宰前管理方法实施。

二、宰前检疫

牛、羊宰前检疫分为群体健康检查和个体健康检查，方法与生猪宰前检疫相同，可参照生猪宰前检疫的方法实施。

三、宰前检疫结果的处理

待宰牛、羊经宰前检疫，应根据检疫结果进行如下处理。

（一）准 宰

经检疫确定为健康的牛、羊准予屠宰，检疫人员签发准宰通知书，只有具备准宰通知书的待宰牛、羊方可进入屠宰线。

（二）禁 宰

禁宰牛、羊采取不放血的方法扑杀并进行销毁，检疫人员出具无害化处理通知书，监督货主按规定的方法进行无害化处理。

确诊或疑似口蹄疫的牛、羊及同群畜,确诊为患绵羊痘或山羊痘的羊及同群羊,患有牛瘟、牛肺疫的病牛及同群牛,禁止屠宰,发现后立即报告动物防疫监督机构,采取不放血的方法扑杀,并进行销毁和防疫消毒。

发现患炭疽的牛、羊禁止屠宰,立即报告动物防疫监督机构,采取不放血的方法扑杀并进行销毁和防疫消毒。同群畜急宰,胴体、内脏作高温处理后可出厂(场)。注射炭疽疫苗的牛、羊须经 14 后天后方可屠宰。

发现患狂犬病的牛、羊禁止屠宰,立即报告动物防疫监督机构,采取不放血的方法扑杀,并进行销毁和防疫消毒。

发现患布鲁氏菌病、结核病、弓形虫病、囊尾蚴病、日本血吸虫病的牛、羊不得屠宰,采取不放血的方法扑杀,并进行销毁和防疫消毒。同群畜急宰,胴体、内脏作高温处理后方可出厂(场)。

(三)急　宰

为减少经济损失,对患有无碍食肉卫生安全的普通病和一般传染病的牛、羊,以及确诊为炭疽、狂犬病、布鲁氏菌病、结核病、弓形虫病、囊尾蚴病、日本血吸虫病的病牛和病羊的同群畜,须送往急宰。急宰牛、羊的胴体、内脏均须作高温处理后方可出厂(场)。

(四)缓　宰

宰前检疫疑似一般传染病而未确诊的牛、羊以及确诊为可治愈的其他疾病的牛、羊,应予缓宰。

四、屠宰同步检疫

牛、羊屠宰同步检疫是指牛、羊在屠宰过程中,对同一头屠畜的胴体、内脏、头、蹄(皮张)进行同时、等速、对照的集中检疫。在机械化流水生产线上,为防止不同屠畜的胴体、内脏、头、蹄(皮张)相互混淆,可采取对屠畜按屠宰顺序统一编号,同一屠畜的胴体、内脏、头、蹄(皮张)挂牌或粘贴同一号码的方法,以便发现问题时进行对照检验。

下面以牛屠宰同步检疫为例,说明屠宰同步检疫的程序。羊屠宰同步检疫可参照牛屠宰同步检疫程序实施,并可根据实际情况适当调整。

(一)头部检疫

将剥去皮肤的牛头,下颌面向上,仰放在检验台上,使牛的唇端远离检验者,以待检查。

1. 触检 用手触摸唇、齿龈、口腔、黏膜和下颌骨等部位,检查有无放线菌肿与溃疡等病变。

2. 颌下淋巴结的剖检 颌下淋巴结位于下颌骨间隙的内侧,接近下颌骨角处或颌下腺直后方向。剖检此处可了解头下半部分被感染情况。

钩住胸骨下颌肌的断端,牵起肌肉。再用检疫刀在胸骨下颌肌的下面,距其起点约 3 厘米处,朝向颌骨支作一切口,即可在下颌骨角与颌下腺之间找到颌下淋巴结(图 4-1)。

3. 舌的剖检 用刀沿两侧下颌骨支的内缘各作一深的切口,将舌自下颌骨间隙掏出,再以左手持检疫钩牵直牛舌,纵剖舌根部,检查有无囊尾蚴、放线菌肿等。

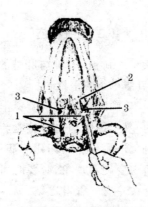

图 4-1　牛颌下淋巴结的平案剖检手术式

1. 胸骨下颌肌的断端

2. 颌下腺　3. 颌下淋巴结

4. 咽喉腔的检查　左手握紧舌尖,并用力向牛头后方牵引,同时以刀自舌根部两侧,沿下颌骨角,各作一深的切口,使舌根、咽喉头完全暴露。此时,则可以切开咽头和喉腔,观察腔内情况。

5. 咽喉内侧淋巴结的剖检　咽喉内侧淋巴结位于咽头的后面,第一颈椎前侧方,两舌骨支末端之间。当被检牛头按上述方法切开,用力牵直牛舌时,咽喉内侧淋巴结就埋藏在舌骨支形成的隆起下面。剖检咽喉内侧淋巴结可了解喉头、舌根、鼻腔后部和头部腺体被感染情况。

钩起牛舌,用检疫刀顺着两舌骨支外侧,与舌骨支平行地各作一条切口,可见 2 个圆形的淋巴结。

6. 咬肌的剖检　钩住外咬肌使之伸张,用刀沿着下颌角外侧与其平行地将内、外咬肌分层切开,检查有无囊尾蚴寄生。

(二)内脏检疫

1. 红下水检疫　即肺脏、心脏与肝脏的宰后检验。由于牛的内脏体积大,只能单个摘出检查。

(1)剖检肺脏　将肺脏平铺在检验桌上,使纵隔面向上,左肺处于检验者的左侧,纵隔沟对着检验者。先观察肺脏的外表,视检有无充血、出血、化脓、坏死等病理变化,然后以手触摸有无硬节或组织变硬等现象,必要时可切开观察肺组织内部状况。然后剖检左支气管淋巴结、纵隔淋巴结和尖叶支气管淋巴结。

左支气管淋巴结位于左支气管分叉处的背面,其左上方被主动脉与食管所覆盖,剖检左支气管淋巴结可了解左肺气管被感染情况。剖检方法是:用检疫钩或左手提起主动脉弓,在主动脉弓与食管间的脂肪组织处作一条纵切口。在左支气管进入肺门处可见该淋巴结。

纵隔淋巴结位于主动脉弓的右方,食管的背侧。纵隔背侧淋巴结排列在纵隔的中部;纵隔后淋巴结是纵隔之后最后的一个淋巴结,呈棒状,长 7~8 厘米。当肺脏从胸腔中取出后,纵隔中、背、后三组淋巴结常留在肺脏上。剖检纵隔淋巴结可了解膈肌被感染和寄生虫寄生情况。剖检方法是:用检疫钩或手提起纵隔的后端,借以牵开纵隔膜就能看出埋藏在纵隔脂肪中的淋巴结,可逐个进行剖检。

尖叶支气管淋巴结位于尖叶支气管起始部与气管之间的夹角中,在支气管的腹面。剖检尖叶支气管淋巴结可了解右肺、气管、食管被感染情况。剖检方法是:以左手的拇指与食指擒住右肺叶的基部,其余手指伸直,与手掌共同将肺脏的膈叶托住,翻转脏器,使右肺叶基部暴露,并在气管与肺基部相连接处作一切口,切开脂肪组织可见尖叶支气管淋巴结。

(2)剖检心脏　观察心脏包膜、外膜与心肌的状况,切开左、右侧的心房和心室,观察心内膜、瓣膜、心肌切面与心腔内血液的状态、有无心肌创伤疾病感染和寄生虫寄生。剖检方法是:左手持检疫钩钩住心脏左纵沟以固定心脏,右手持刀在与左纵沟平行的心脏后缘纵剖心脏,可切开左、右房室,暴露心脏内部。

(3)剖检肝脏　视检肝脏的外表与切面,注意其形态大小、色泽、实质等有无异常,触检其弹性并剖检肝门淋巴结。在肝脏胆管较多的部位作数条横的切口,切断胆管并压出其内容物,检查是否有肝蛭寄生。

(4)脾脏的检查　观察脾脏外表与切断面。

(5)肾脏的检查　牛肾脏一般只从外表视检和触检,仅在必要时才切开检查。

2. 白下水检疫

(1)肠的检查　首先将结肠圆锥放置在检疫员的面前,然后将小肠向外铺开,肠系膜淋巴结呈现出链珠状排列,视检肠外表浆膜并剖检肠系膜淋巴结。

(2)胃的检查　重点切开几个淋巴结,并视检胃浆膜面的状况(图4-2)。

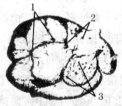

图4-2　检查牛胃时剖检的淋巴结(仿)

1.瘤胃右淋巴结　2.前庭淋巴结　3.瓣胃淋巴结

(三)胴体检疫

在屠宰过程中,屠畜胴体劈半挂在架空轨道上,依屠宰次序统一编号(与头、内脏编号相同),进行宰后同步检疫。

1. 一般视检 检查胴体应首先注意观察其放血程度和色泽,此外应视检其皮肤、皮下蜂窝组织、脂肪、肌肉、腹膜、胸膜、关节与脊椎骨的断面有无异常。

2. 剖检部位

(1)腹股沟浅淋巴结(乳房淋巴结) 该淋巴结在公牛称为腹股沟浅淋巴结,位于阴囊上方、精索后方,阴茎形成弯曲处的侧方;在母牛称为乳房淋巴结,位于乳房后乳区(即后1/4部分)后上方的皮下。剖检该淋巴结可了解后半部躯体下腹壁、公牛生殖器官或母牛乳房以及外生殖器官的被感染情况。

剖检方法是:以检疫钩牵引母牛乳房的后乳区或公牛的阴茎弯曲处,使腹股沟显露,则可见该淋巴结,再用刀纵向切开即可进行检查。

(2)股前淋巴结(髂下淋巴结) 位于髋结节与膝关节之间的皮下(即膝褶内)。当胴体倒挂时,原来的膝褶被拉成一道斜沟,在沟内可见一长约 10 厘米的棒状隆起,股前淋巴结就埋藏在它的下面。剖检股前淋巴结可了解两侧腹部肌肉、第八肋以后两侧胸壁以及臀部被感染情况。剖检方法是:将棒状隆起纵向切开,即可见到股前淋巴结。

(3)股内侧肌 位于股部内侧,是以内收肌群为主构成的三角形肌肉组织。剖检股内侧肌可检查有无囊尾蚴寄生。剖检方法是:沿股骨自上向下切开肌肉,显露肌肉深层 3～5 厘米即可。

（4）腹股沟深淋巴结　位于腹腔内，股管起始部，髂外动脉发出股深动脉处的上方。剖检该淋巴结可了解后半部躯体深部组织和器官被感染情况。剖检方法是：钩住骨盆边缘的肌肉组织，以固定胴体，在骨盆横径的稍下方，距骨盆边缘侧方 2～3 厘米处可找到一直径 4～10 厘米裸露的大淋巴结，呈扁圆形，纵向切开即可检查。

（5）腰肌　位于屠畜腰部脊柱腹侧，腰椎椎体的两旁，膈肌脚的外侧。剖检此处可检查有无囊尾蚴寄生，必要时增检肩胛肌。剖检方法是：左手持钩固定胴体，右手持刀在腰肌部位用刀刃紧贴脊柱两侧向下切开，使腰肌与脊柱分离，用钩钩住已切开的腰肌中部，拉向外侧；在暴露的切面上顺肌纤维方向作纵向切口，检查两侧腰肌。

（6）肩前淋巴结　活畜位于肩关节上方，肱头肌和肩胛横突肌之下，一部分为斜方肌所覆盖。胴体倒挂时，肩关节前的肌群被压缩，在肩关节稍上方，形成一个椭圆形隆起，该淋巴结则埋藏于隆起之内。剖检该淋巴结可了解躯体前半部被感染情况，必要时增检颈深后淋巴结、腘淋巴结。剖检方法是：钩住前肢肌肉，向下作一长 10～15 厘米的切口，再用钩牵开切口，可见被脂肪包裹着的淋巴结，纵向切开后即可进行检查。

（四）寄生虫检疫

黄牛视检腰肌、腹斜肌和其他肌肉，水牛视检食道、腹斜肌和其他肌肉，以检查有无住肉孢子虫寄生。

五、宰后检疫结果的处理

(一)检疫合格产品的处理

检疫合格的产品准予出厂(场)进入流通环节,检疫人员进行如下处理。

第一,胴体加盖检疫验讫印章。

第二,分割产品使用加印检疫标志的包装袋或在包装袋上加贴检疫标志。

第三,出具产品检疫合格证明。

(二)发现动物疫病时的处理

宰后检疫发现动物疫病时,应根据不同情况采取不同的处理措施。

发现口蹄疫、牛瘟、牛传染性胸膜炎、绵羊痘和山羊痘、狂犬病、炭疽时,按以下方法处理:第一,立即停止生产,封锁现场;第二,生产车间彻底清洗,严格消毒;第三,立即向当地动物防疫监督机构报告疫情;第四,病畜胴体、内脏及其他副产品作销毁处理;第五,同批产品及副产品作销毁处理;第六,各项处理经动物防疫监督机构检查合格后,方可恢复生产。

发现布鲁氏菌病、结核病、弓形虫病、日本血吸虫病时,按以下方法处理:第一,执行上述 1、2、3、4 项处理方法;第二,同批产品及副产品中,与病畜产品相邻的前 3 后 5 作高温处理,其余按正常产品出厂(场)。

发现上述传染病之外的(不包括国内未发现的)传染病时,应根据疾病的危害性,对病畜胴体、内脏及其他副产品作相应无害化处理。

发现囊尾蚴和钙化虫体的,屠畜全尸作化制或销毁处理;发现住肉孢子虫的,屠畜全尸作高温或销毁处理。发现上述寄生虫之外的寄生虫寄生的,作如下处理:第一,病变严重、肌肉有退行性变化的,屠畜胴体和内脏作化制或销毁处理;第二,病变轻微的,剔除病变部分作化制或销毁处理,其余部分高温处理后出厂(场)。

发现肿瘤时,作如下处理:第一,在1个器官发现肿瘤,胴体不瘠瘦的,患病器官作化制或销毁处理,其余部分作高温处理,胴体瘠瘦或肌肉有病变的,全尸作化制或销毁处理;第二,2个或2个以上器官发现肿瘤病变的,屠畜全尸作化制或销毁处理;第三,确诊为淋巴肉瘤、白血病或鳞状上皮细胞癌的,屠畜全尸作化制或销毁处理。

发现普通病、中毒病和局部病损时,按以下规定处理:第一,有下列情形之一的,如脓毒症、尿毒症、黄疸、过度消瘦、大面积坏疽、急性中毒、全身肌肉和脂肪变性、全身性出血的屠畜,全尸作化制或销毁处理;第二,局部有下列病变之一的,如创伤、化脓、炎症、硬变、坏死、寄生虫损害、严重的淤血、出血、病理性肥大或萎缩、异色、异味及其他有碍卫生的部分,割除病变部分作化制或销毁处理,其他部分不受限制出厂(场)。

(三)高温、化制、销毁产品的处理程序

第一,实验室检疫员出具加盖有动物防疫监督机构印章的无害化处理通知书。

第二,屠畜胴体由检疫人员加盖与无害化处理意见相一致的处理印章,并监督货主在屠宰厂(场)内按规定进行高温、化制、销毁等无害化处理。

第三，内脏、割除的病害部分，由负责无害化处理的检疫人员监督货主和厂（场）方在屠宰厂（场）内按规定分别进行高温、化制、销毁等无害化处理。

第五章　禽类的屠宰检疫

一、宰前管理

(一)入厂(场)检疫

1. 查证验物　检疫人员向运输禽类人员索取禽类产地动物防疫监督机构签发的检疫合格证明,并临车观察禽类装载数量和健康状态。检疫合格证明有效,运载禽类数量证物相符,健康、精神状态无异常,禽只无死亡或仅有个别被挤压致死时,准予入厂(场)卸载。

2. 疫情处理　发现产地有重大疫情发生或发现疑似重大疫病或运输禽类发现大量死亡时,运输的禽类不得入厂(场),立即报告动物防疫监督机构,并进行详细的临床检查和实验室诊断。待确诊后,按动物防疫法律、法规规定进行防疫消毒和无害化处理。

3. 违规行为的处理　发现运输的禽类无检疫证明、检疫合格证明无效或证物不符的,应立即报告动物防疫监督机构立案查处,并对运输的禽类进行临车检查。临检无异常的准予卸入隔离圈,进行宰前检疫,检疫合格的予以屠宰;临车检查发现异常的,不准卸载,在厂(场)外进行防疫消毒和其他处理。

(二)停食管理

家禽在屠宰前应有适当时间的停食,以避免屠宰时拉断肠管,同时有利于肉的成熟,提高肉品质量。停食时间,鸡、鸭为 12~24 小时,鹅 8~16 小时。停食期间应供给充分饮水,宰前 3 小时停止供水。近年来,新建的大、中型禽类屠宰加工厂均为屠宰"合同禽",禽类由产地运输到屠宰厂后通常在很短时间内即进行屠宰,因此停食管理应在禽类养殖场进行。

(三)卫生防疫管理

禽类在待宰期间应当加强卫生防疫管理,卸入待宰圈后要防止饲养密度过高,及时清除粪便,保持清洁和通风。每日进行 1 次防疫消毒,禽类饮用水应符合卫生标准。禽类不卸入待宰圈,运到即行屠宰的,也应要求货主采取措施保护禽类安全,装载不得拥挤,为待宰禽类提供必要的空间,防止挤压致死。

二、宰前检疫

禽类的宰前检疫采取群体检查与个体检查相结合的检查方法,其具体做法可归纳为静、动、食三态检查和看、听、摸、检四项要领。

(一)群体检查

将商品禽按种类、产地、入场批次,分批、分圈、分车(船)进行检查。群体检查一般采用三态检查法,即对禽群进行静态、动态和饮食状态的观察,以判定家禽的健康状况。

1. 静态检查 在不惊扰禽群的情况下,观察家禽在自然安静状态下的情况。如站立、睡卧和栖立的姿态,精神状况,呼吸状态,羽毛、天然孔、冠、肉髯等的状况,以及对外界事物的反应。发现精神委顿、缩颈垂翅、呼吸急迫或困难、咳嗽、肛门周围羽毛上粘有粪便、冠色苍白或呈青紫色的鸡只,应剔出作进一步的检查。

2. 动态检查 注意观察禽类的行走姿态,健禽活泼、行动敏捷、平衡矫健、行走时探头缩尾、两翅紧收;病禽则精神委顿、行动迟缓、步态僵硬跛跄、弯颈拱背、翅尾下垂、落后于禽群。发现病态的禽只应剔出作进一步的检查。

3. 饮食状态检查 在饲喂时仔细观察禽群的摄食饮水状态,看有无不食、少食和吞咽困难等现象,观察粪便的颜色和干稀状况,发现不食、少食和排稀粪的禽只,应剔出作进一步检查。

(二)个体检查

经群体检查被隔离出的病禽和疑似病禽,应逐只进行个体检查。个体检查的具体方法应遵循看、听、摸、检四项要领。

对鸡进行个体检查时,检验人员先以左手握住其两翅根部,先观察头部,注意冠、肉髯和无羽毛处有无苍白、发绀、痘疹,眼、鼻和喙有无异常分泌物等。再以右手的中指抵住咽喉部,并以拇指和食指夹压两颊,迫使其张开口,以观察口腔与喉头有无大量黏液,黏膜是否有出血点、有无灰白色伪膜或其他病理变化。摸检嗉囊,探查其充实度及内容物的性质。摸检胸腹部和腿部肌肉、关节等处,以确定有无关节肿大、骨折、外伤等情况。再将鸡举高,使其颈部贴近检验者的耳部,听其有无异常呼吸音,并触压喉头和气管,诱发咳嗽。还应注意肛门附近有无粪污和潮湿。必要时检测体温。

对鸭进行个体检查时,常以右手抓住鸭的上颈部,提起后夹于左臂下,同时以左手托住锁骨部,然后进行检查。检查的顺序是头部、天然孔、食管膨大部、皮肤、肛门,还要检测体温。

对鹅进行个体检查时,因鹅体较重,不便提起,一般就地压倒进行检查,检查顺序与鸭相同。

家禽的正常体温、呼吸、脉搏见表5-1。

表5-1　家禽的正常体温、呼吸和脉搏

禽　别	体温(℃)	呼吸(次/分)	脉搏(次/分)
鸡	40～42	15～30	120～140
鸭	41～43	16～28	140～200
鹅	40～41	12～20	120～160

禽类不卸入待宰圈,运到即行屠宰的,宰前检疫在运输禽类入厂(场)时实施,入厂(场)检疫合格即可视为宰前检疫合格。

三、宰前检疫结果的处理

待宰禽经宰前检疫后,应根据检疫结果进行如下处理。

(一)准　宰

确认健康的家禽,由检疫人员出具该批家禽准宰通知书,只有具有准宰通知书的家禽,方可进行屠宰加工。

(二)禁　宰

第一,发现高致病性禽流感病禽或疑似病禽、鸡新城疫病禽时,病禽及同群禽一律禁止屠宰,立即报告动物防疫监督机构,采取不放血的方法扑杀病禽及同群禽,并进行销毁和防疫处理。

第二,发现马立克氏病、小鹅瘟、鸭瘟病禽时,一律禁止屠宰,采取不放血的方法扑杀病禽,并进行销毁和防疫消毒。

(三)急　宰

发现患有禽霍乱、鸡传染性法氏囊病、鸡传染性喉气管炎、鸡传染性支气管炎等疫病的家禽时,检疫人员应出具急宰通知书,病禽立即急宰,胴体检疫合格的高温处理后出厂(场),内脏作销毁处理并进行防疫消毒,同群禽也应尽快屠宰。

(四)死禽的处理

在运输车、船和圈内发现的死禽,大都因疾病而死,或病弱被挤压致死,一律作销毁处理和防疫消毒。确因物理原因致死的禽只,在死后 2 小时内取出内脏,经检验肉质良好,其胴体经无害化处理后可供作饲料用。

四、屠宰同步检疫

禽类屠宰同步检疫是指对禽类在屠宰加工过程的检疫与监督,包括吊挂检查、胴体检疫、内脏检疫等环节。

(一)吊挂检查

吊挂是禽类屠宰加工的第一道工序,检疫人员应当在吊挂处对经宰前检疫合格的待宰禽进行屠宰前的再检查,剔出病禽和死亡禽只,进行高温或销毁处理。合格的进入屠宰流水线。

(二)胴体检疫

1. 检查体表和头部 在禽类放血、脱毛后,仔细观察体表是否有外伤、水肿、淤血、化脓和关节肿大等病理变化;仔细检查眼、口腔、鼻腔有无病变;观察体表的清洁度。

2. 检查体腔

(1)全净膛 全净膛的家禽,需检查体腔内部有无赘生物、寄生虫和传染病的病变,还应检查是否有粪污和胆汁污染。

(2)半净膛 半净膛的家禽,可用特制的扩张器由肛门插入腹腔内,张开后用手电筒或窥探灯照明,检查体腔和内脏有无病变和肿瘤。发现异常者,应剖开检验。

(三)内脏检疫

1. 全净膛家禽内脏的检疫 采取全净膛加工的家禽,取出内脏后依次进行检验。

(1)肝脏的检查 检查外表、色泽、形态、大小和软硬度有无异常,胆囊有无变化。

(2)心脏的检查 检查心包膜是否粗糙,心包腔是否有积液,心脏是否有出血、形态变化和赘生物等。

(3)脾脏的检查 检查脾脏是否充血、肿大、变色,有无灰白色或灰黄色结节等。

(4)胃的检查 检查腺胃、肌胃有无异常,必要时应剖检。剥去肌胃角质层后,检查有无出血、溃疡等。

(5)肠管的检查 视检整个肠管浆膜和肠系膜有无充血、出血、结节,特别注意小肠和盲肠,必要时剪开肠管检查肠黏膜。

（6）卵巢的检查　对母禽应注意检查卵巢是否完整,有无变形、变色、变硬等异常现象。

2. 半净膛家禽内脏的检疫　采取半净膛加工的家禽,肠管拉出后,按上述全净膛的检疫方法进行体腔内滞留器官的检查。

五、宰后检疫结果的处理

（一）检疫合格产品的处理

检疫合格的产品准予出厂（场）进入流通环节,由检疫人员进行如下处理。

第一,胴体加盖检疫验讫印章。

第二,分割产品使用加印检疫标志的包装袋或在包装袋上加贴检疫标志。

第三,出具产品检疫合格证明。

（二）发现动物疫病时的处理

宰后检疫发现动物疫病时,应根据不同情况采取不同的处理措施。

发现高致病性禽流感、鸡新城疫时按以下方法处理：第一,立即停止生产,封锁现场；第二,生产车间彻底清洗,严格消毒；第三,立即向动物防疫监督机构报告疫情；第四,病禽胴体、内脏和其他副产品作销毁处理；第五,同批产品及副产品作销毁处理；第六,各项处理经动物防疫监督机构检查合格后方可恢复生产。

发现马立克氏病、小鹅瘟、鸭瘟病、禽结核病时,病禽胴体、内脏作销毁处理。

发现禽霍乱、鸡传染性法氏囊病、鸡传染性喉气管炎、鸡传染性支气管炎时,病禽胴体、内脏作高温处理。

发现鸡淋巴细胞性白血病时,病禽胴体、内脏作销毁处理。

发现球虫病、组织滴虫病时,病禽内脏作销毁处理,胴体不受限制出厂(场)。

(三)高温、化制、销毁产品的处理程序

第一,实验室检疫人员出具加盖有动物防疫监督机构印章的无害化处理通知书。

第二,负责高温处理的检疫人员监督货主对胴体作高温处理,可食用和作饲料用的胴体不得混放。

第三,负责销毁处理的检疫人员监督货主对应当销毁的胴体、内脏、修割的病害部位进行销毁处理。

第六章　畜禽产品的检疫处理

畜禽屠宰后其产品经检疫可分为检疫合格产品和检疫不合格产品。检疫合格产品由检疫人员加施验讫标志、出具检疫证明后出厂（场）；检疫不合格产品在检疫人员监督下进行无害化处理。

一、检疫合格产品的处理

（一）加施检疫验讫标志

检疫验讫标志是动物防疫监督机构对经检疫合格的动物产品加施的标志。目前，全国统一使用的动物检疫验讫标志是农业部监制的在畜禽胴体上加盖的验讫印章和省级畜牧兽医行政管理部门监制的检疫标签。

1. 滚筒验讫印章

（1）适用范围　适用于屠宰检疫合格的猪胴体。

（2）印章内容　本印章以省为单位统一编号，有"肉检验讫"字样，年月日栏为可调整的阿拉伯数字（图6-1）。

（3）加盖部位　在猪胴体两侧肩前至臀端顺体长加盖。

（4）盖章要求　要求盖章部位适宜，字迹清晰，着色均匀，无间断，无涂抹。

2. 方形针刺检疫印章

（1）适用范围　适用于检疫合格的剥皮肉类，如猪肉、牛肉、羊肉、马肉、驴肉、骡肉等。

河北

B158

肉检

验讫

2007

01·01

图 6-1　滚筒验讫印章

　(2)针刺内容　为双排可调整的12位阿拉伯数字(图6-2)。

　(3)加盖部位　在剥皮胴体的前后肢、背胸部或分割体上加盖。

　(4)盖章要求　要求盖章部位适宜,字迹清晰,着色均匀,深浅适中,无涂抹。

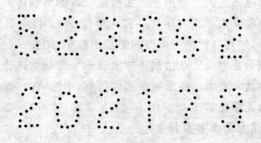

图 6-2　方形针刺检疫印章

3. 白条禽检疫针刺印章(圆形针码检疫印章)

(1)适用范围　适用于检疫合格的白条禽类、剥皮兔等。

(2)针刺内容　为单排可调整的 3 位阿拉伯数字(图 6-3)。

(3)针刺部位　加盖于后腿(肢)的上部。

(4)盖章要求　要求盖章部位适宜,字迹清晰,着色均匀,深浅适中,无涂抹。

图 6-3　白条禽检疫针刺印章

加盖检疫验讫印章应特别注意,使用的染料应无毒、无刺激性,食用后对人体无伤害,并选择人们易于接受的颜色。

4. 检疫标签　是省级畜牧兽医行政管理部门监制的检疫验讫标志,其样式一般为扁椭圆形,印有省级动物防疫监督机构名称和检疫合格字样,分为不干胶印刷粘贴和直接印刷在动物产品包装袋上 2 种形式。检疫标签通常用于检疫合格的包装或分割包装的动物产品。

(二)出具产品检疫合格证明

产品检疫合格证明是畜禽产品进入流通领域的法定凭证,取得检疫合格证明的产品表示其已经过动物防疫监督机构检疫并合格,该产品经营者的合法权益受国家法律保护。目前,全国统一使用的产品检疫合格证明是农业部监制的动物产品检疫合格证明、出县境动物产品检疫合格证明和配套使用的动物及动物产品运载工具消毒证明。

1. 动物产品检疫合格证明

(1)适用范围　限于县境内交易的动物产品使用。

(2)项目填写

①货主　填写动物产品所有者的姓名或单位名称。

②产品名称　填写动物产品的确切名称,如猪胴体、羊胴体或猪肉、羊肉、白条鸡或鸡翅、鸡胸等。

③产地　填写动物产品生产地乡镇或生产单位名称全称。

④计量单位　胴体、肉类填写头、只、千克,种蛋填写枚,脂肪、脏器、血液、绒、毛、骨、角、头、蹄填写千克。

⑤数量　猪、牛、羊、马、骡、驴、犬等大、中型家畜胴体,一头一证;对同一货主、同一来源、同一批次、同一启运地、同一运载工具、同一到达地的禽、兔等小动物产品,可出具一张检疫证明。

⑥有效期　一般1～2天,最长不得超过30天。

2. 出县境动物产品检疫合格证明

(1)适用范围　限于运出县境的动物产品使用。

(2)项目填写　本证中货主、产品名称、计量单位的填写同动物产品检疫合格证明;启运地点、到达地点填写起始和到达地点的县名,出省境的在起止县名之前冠以省名;数量栏应填写同一货主、同一运载工具所装载同一种动物产品的数量;有效期的填写以运抵到达地点所需时间为限,最长不得超过30天;有需要说明的情况可在备注栏填写。

3. 动物及动物产品运载工具消毒证明

(1)适用范围　对运载动物和动物产品的车辆、船舶、机舱等运载工具在装前、卸后实施防疫消毒合格后,出具此证。

(2)项目填写

①货主　填写动物、动物产品所有者的姓名或单位名称。

②承运单位　填写动物、动物产品承运者的姓名或单位名称。

③运载工具名称　填写运载工具的类别名称,如火车、汽车、船舶、飞机等。

④运载工具号码　填写车辆、船舶、飞机的牌照编号。

⑤消毒单位　填写实施消毒的动物防疫机构名称。

装运前、卸货后消毒分别由应由卸货后实施消毒的单位填写所用消毒药物名称、使用的浓度和消毒方法。

二、检疫不合格产品的处理

经屠宰检疫不合格的畜禽产品,可分为有条件食用、限制利用和销毁处理3种情况。在动物检疫人员的监督下,采用物理、化学或生物学等方法对检疫不合格产品进行无害化处理,以达到消灭传染源,切断传播途径或破坏毒素,从而保障人、畜安全的目的。处理的方式主要有高温、化制和销毁3种。

(一)高温处理

有一般煮沸法和高压蒸煮法2种方法。

1. 一般煮沸法　将须经高温处理的胴体切成重不超过2千克、厚不超过8厘米的肉块,放在普通的锅内煮沸2～2.5小时,煮沸时间以水沸腾时算起。

2. 高压蒸煮法　将须经高温处理的胴体切成上述规定大小的肉块,放在密闭的高压锅内,在112千帕压力下蒸煮1.5～2小时。

(二)化制处理

利用化制机借助高温、高压将病害动物胴体内的致病微生物和寄生虫完全杀灭,并能提炼工业用尸油和饲料用填充剂,包括湿化法和干化法 2 种处理方法,适用于可作工业用的病害胴体、内脏的处理。

1. 湿化法 利用湿化机进行化制处理。湿化机的构造与高压蒸汽消毒器相似,实际上就是一个大型的高压消毒器,容量一般为 2～5 吨,动物尸体可以不经解体直接送入湿化机内处理。

湿化法的优点是适用于大动物全尸无害化处理,不需解体,减轻了工作人员的劳动强度,减少了污染的机会。其缺点是由于蒸汽直接与原料接触,取得的油脂含水量比较高,而且大部分可溶性蛋白质混入油脂,使之不耐久藏。此外,油渣蛋白质含量不高,水分太多,易于氧化变质,气味色泽不良,故只能作肥料和其他工业用,不宜供作饲料。

2. 干化法 利用干化机进行化制处理。干化机是一种卧式或立式的真空化制锅,机身由双层钢板制成夹层,机身内腔中心带有搅拌器。其工作原理就是利用热蒸汽通过夹层提供大量的热能,在干热和压力的作用下,杀灭病原微生物和寄生虫,达到无害化处理的目的。

干化法的优点是处理过程快,所得的油脂含水分和蛋白质较少,品质较高,耐存性好,产品易于保藏和运输。油渣可作动物饲料,也可作肥料。缺点是不能化制大块原料或全尸,因此不准用于处理对人、畜危害严重,且易造成传染扩散的炭疽、狂犬病、恶性水肿、气肿疽、羊快疫、羊肠毒血症等恶性传染病的动物尸体。

(三)销毁处理

适用于处理患有恶性传染病的动物尸体、非屠宰死亡的或不明原因死亡的动物尸体，以及屠宰加工过程中从动物机体割除下来的病变部位。主要有焚毁、掩埋2种处理方法。

1. 焚毁　利用焚化炉或其他烧毁方法，将病害动物尸体或割除的病变部位进行焚烧处理，达到炭化的目的。

2. 掩埋　挖坑对病害动物尸体进行深埋，适用于染疫动物数量较多时的处理。掩埋地址应选择远离学校、公共场所、居民住宅区、动物饲养和屠宰加工场、村庄、饮用水源地、河流的地区，掩埋的病害动物尸体及其产品的上层应距地表1.5米以上。掩埋前在坑底铺2厘米厚的生石灰，对掩埋的病害动物尸体及其产品实施焚烧处理，焚烧后的病害动物尸体及其产品表面以及掩埋后的地表环境应进行防疫消毒。

炭疽等芽孢杆菌类疫病致死的动物尸体及其产品不适于掩埋处理。

第七章　畜禽屠宰后各种病变与气味、色泽异常肉的处理

一、畜禽屠宰后组织病变的种类与处理

(一)出血性病变的种类与处理

1. 出血性病变的种类

(1)机械性出血　为机械作用所致,多发生于体腔、肌间、皮下和肾脏旁,多表现为破裂性出血。这种出血在屠畜被驱打、撞击、外伤、骨折、吊挂时最易发生。

(2)病原性出血　为传染病病原和中毒所致,多发生于皮肤、浆膜、黏膜,表现为渗出性出血。

(3)窒息性出血　为缺氧所致,主要见于颈部皮下、胸腺和支气管黏膜,表现静脉怒张,血液呈黑红色,有数量不等的暗红色淤点、淤斑。

(4)电麻出血　多见于电麻不当的屠畜,尤其是年轻屠畜,在实质器官和骨骼肌的个别部分,可见有多量、新鲜的放射状出血点。淋巴结的出血多表现为周缘出血,呈圆圈状,但不肿大。

(5)呛血　常见于肺脏,多局限于肺膈叶背缘,向下逐渐减少。呛血区外观呈鲜红色,范围不规则,由弥漫性放射状小红点组成,触之有弹性。切开呛血肺组织,可见弥漫性鲜红色,支气管内可见有血凝块。

2. 出血性病变的处理

第一，外伤、骨折等引起的新鲜出血，其淋巴结没有炎症变化的，切除全部血浸组织和水肿组织，胴体无限制出厂（场）。

第二，出血、水肿广泛，且淋巴结出现炎症时，胴体和器官必须进行细菌学检查。检查结果为阴性的，切除病变部分后迅速出厂（场）利用。

第三，呛血和电麻引起的轻微出血，胴体和器官无限制出厂（场）；严重出血的，废弃出血部分和呛血肺脏，其余部分不受限制出厂（场）。

第四，病原性出血，按引发出血的病原性疾病处理。

（二）组织水肿病变的种类与处理

屠体上发现水肿时，首先应排除炭疽，然后再判明水肿的性质。

1. 创伤性水肿 仅销毁病变组织即可。

2. 皮下水肿 肾脂肪囊、网膜、肠系膜和心外膜的脂肪组织发生脂肪胶样萎缩时，要检查肌肉有无病变并作细菌学检查。检查结果为阴性的，切除病变部分，其余部分不受限制出厂（场）；检查结果为阳性的，切除病变部分，其余经高温处理后出厂（场）。伴有淋巴结肿大、水肿、放血不良、肌肉松软等呈恶性病质状态的，整个胴体作工业用。

3. 后肢和腹部水肿 应仔细检查心脏、肝脏、肾脏等脏器，如有病变，则须进行沙门氏菌检查。检查结果为阴性的，切除病变器官，胴体迅速发出利用；检查结果为阳性的，经高温处理后出厂（场）。

(三)败血症病变与处理

败血症病变表现为实质器官变性、坏死和炎症变化,皮肤、黏膜、浆膜和脏器的充血、出血、水肿。脾脏和全身淋巴结出现充血、炎症细胞浸润或网状内皮细胞增生,从而导致体积增大。当病原菌侵入血液生长繁殖,并在器官组织内引起多发性脓肿时,即引起脓毒败血症。发现败血症病变时应按以下规定进行处理。

第一,病变轻微,肌肉无变化的,高温处理后出厂(场)。

第二,病变严重或肌肉有明显变化,如出血、水肿、色泽和气味异常、黄疸等,作化制处理。患脓毒败血症的胴体、内脏作销毁处理。

(四)蜂窝组织炎病变与处理

蜂窝组织炎是在皮下、肌间等疏松结蹄组织发生的一种弥漫性化脓性炎症。检验时可根据淋巴结、心脏、肝脏、肾脏等器官的充血、出血和变性变化,以及胴体放血不良、肌肉变化等进行判断。发现蜂窝组织炎病变时应按以下规定进行处理。

第一,病变已全身化的,整个胴体作化制处理。

第二,若全身肌肉正常,则须进行细菌学检查。检查结果是阴性的,切除病变部分,胴体迅速发出利用;检查结果是阳性的,切除病变部分,其余部分经高温处理后出厂(场)。

(五)脂肪组织坏死病变的种类与处理

1. 脂肪组织坏死病变的种类

(1)胰腺脂肪坏死 常见于猪,是由于胰腺发炎,破坏胰腺间质及其附近肠系膜脂肪组织,有时波及网膜和肾脏周围的脂肪组织所致。病变部外观呈小而致密的无光泽颗粒状，质地坚硬，失去正常弹性的油腻感。

（2）外伤性脂肪坏死　比较常见，是由于皮下组织受伤后放出脂酶所致，受伤部坏死脂肪坚实、无光，呈白垩质样团块，有时则呈油灰状。

（3）营养性脂肪坏死　发生于全身各部位的脂肪，但以肠系膜、网膜和肾脏周围的脂肪最常见。病变脂肪暗淡无光，呈白垩色，显著发硬。初期脂肪里可见有许多弥散性淡黄白色坏死点，状如粉笔灰，随后小病灶融合，形成白色坚硬的坏死团块或结节。

2. 脂肪组织坏死病变的处理

第一，脂肪坏死轻微，无损商品外观的，不受限制发放。

第二，变化明显的，将病变部切除作化制处理，胴体无限制出厂（场）。

（六）脓肿病变与处理

屠畜宰后发现脓肿时，应考虑脓毒败血症。对无包囊而周围炎性反应明显的新脓肿，一旦查明是转移性的，即可确定是脓毒败血症。肺脏、脾脏、肾脏的脓肿，多为转移性脓肿，其原发病灶可能存在于四肢、子宫、乳房等部位。此时，必须对肉尸进行细菌学检查。肝脏脓肿多见于牛，往往发生于用酒糟、油渣、糖渣饲喂的牛。猪多发生下颌脓肿。发现脓肿病变时应按以下规定进行处理。

第一，脓肿形成包囊的，脓肿区切除，其余部分无限制发放。

第二，脓肿个体大或为数较多的，整个器官作化制处理。

第三，多发性新鲜脓肿（无包囊或包囊不明显，周围有炎症反应)或脓肿具有不良气味的,整个器官或胴体作化制处理。

第四,被脓液污染或吸附有脓液难闻气味的胴体部分,割除后作废弃处理。

(七)骨折与组织创伤的处理

当骨折和组织创伤尚未引起感染时,将损害的部分切除。如果伴有由局部炎症发展到褥疮或全身性感染时,肉在利用之前必须进行沙门氏菌的检验。检验结果为阴性的,切除损害部分后,肉品不受限制出厂(场),但应尽快熟制加工;检验结果为阳性的,肉品高温处理后出厂(场)。

二、畜禽宰后皮肤和脏器病变的种类与处理

(一)皮肤病变的种类与处理

1. 皮肤病变的种类

(1)外伤性出血 皮肤表面常出现不规则粗条或细条状出血带,斑块状出血较少见。此种出血,多由于宰前粗暴鞭打、棒击所致。

(2)电麻所致出血 在皮肤上表现为新鲜不规则的点状或斑状出血,有时呈放射状,与患传染病时皮肤的规则出血点或出血斑不同。

(3)梅花斑 一种中央暗红色、周围有红晕的斑块,见于猪臀部皮肤,常两侧对称出现,可能是过敏性反应所致。

(4)弥漫性红染 屠宰致昏时,心脏没有停止跳动,即行泡烫,常有皮肤大面积发红的现象。此外,处于应激状态的猪只,迅速屠宰加工后也易出现这种变化。

（5）荨麻疹　发病初期于胸下部和胸部两侧出现扁豆大小的淡红色疹块,有的遍布全身。随后疹块扩大且突出于表面,中心苍白,周边发红,呈圆形或不规则形,有时为四边形,易与猪丹毒相混淆。这种疹块与饲喂马铃薯、荞麦之类的饲料有关,是一种过敏性反应。

（6）皮肤脱屑症　皮肤粗糙,颇似撒上一层麸皮,是营养缺乏、螨或真菌侵袭所致。

（7）棘皮症　皮肤表面弥散无数小突起,病变面积较大,有时波及全身,与维生素、含硫氨基酸缺乏等有关。

（8）黑痣　黑色小米粒至扁豆大的疣状增生物,突出或不突出于皮肤表面,是黑色素细胞疣状增殖所致。

（9）癣　多呈圆形,大小不等,患部皮肤粗糙,少毛或无毛,由微孢子菌等寄生所引起。

2. 皮肤病变的处理　上述皮肤变化,相关淋巴结即使充血,但不肿大,且不伴有胴体和内脏的变化,据此可与传染病相区别。其处理方法如下。

第一,病变轻微的,病变部分割除废弃,胴体不受限制发放出厂(场)。

第二,病变严重的,可作剥皮处理,皮张销毁,胴体不受限制出厂(场)。

（二）脏器病变的种类与处理

1. 肺脏病变的种类与处理

（1）肺脏病变的种类

①电麻出血　电麻不当所致的胴体出血以肺脏最为显著。电麻所致出血一般常出现在膈叶背缘的肺胸膜下,呈散在性,有时密集成片,如喷血状,鲜红色,边缘不整。

②呛水　屠宰时,将未死透的猪放入烫池,池水被猪吸入肺脏内而造成。呛水区多见于尖叶和心叶,有时波及膈叶。其特征是肺脏极度膨大,外观呈浅灰色或淡黄褐色,肺胸膜紧张而有弹性,切面流出多量温热、浑浊液体。

③呛血　屠宰时切断食管、气管、血管,流出来的血和胃内容物流入肺脏内所致。

④纤维素性胸膜肺炎　肺脏内有肝变病灶,肺胸膜和肋胸膜表面有纤维附着并形成粘连。

⑤肺坏疽　切开病变部可见有污灰色、灰绿色甚至黑色的膏状或粥状坏疽物,有恶臭味,多因肺脏内进入异物所引起。

(2)肺脏病变的处理　电麻出血肺不受限制出厂(场);呛水肺、呛血肺局部割除后出厂(场);其他病变肺,作工业用或销毁处理。

2. 心脏病变的种类与处理

(1)心脏病变的种类

①心肌炎　心肌呈灰黄色,似煮熟状,质地松弛,心脏扩张。局灶性心肌炎在心内膜和心外膜下可见灰黄色或灰白色斑块和条纹,化脓性心肌炎心肌内散在有大小不等的化脓灶。

②心内膜炎　最常见的是疣性心内膜炎,以心瓣膜发生疣状血栓为特征;其次是溃疡性心内膜炎,特征是心瓣膜上出现溃疡。

③心包炎　最常见的是牛的创伤性心包炎,可见心包囊极度扩张,其中沉积有淡黄色纤维蛋白或脓性渗出物,具有恶臭味。慢性病例心包极度增厚,与周围器官发生粘连,形成绒毛心。

(2)心脏病变的处理

第一,心肌肥大、脂肪浸润、慢性心肌炎而不伴有其他脏器变化的,作高温处理。

第二,严重的非创伤性心包炎、心内膜炎、急性心肌炎以及心肌松软和色泽改变的,心脏作化制处理。

第三,创伤性心包炎,心脏作抛弃处理。对肉的处理须根据沙门氏菌检查结果。检验结果为阴性的,胴体不受限制出厂(场);检验结果为阳性的,胴体作高温处理后出厂(场)。

3. 肝脏病变的种类与处理

(1)肝脏病变的种类

①肝脂肪变性　肝脏肿大,包膜紧张,呈不同程度的浅黄色或土黄色,质地软而易碎,切面有油腻感,因此称为脂肪肝。脂变肝脏如伴有淤血,在肝脏的切面淤血部分和变性部分互相交织,暗红色和黄褐色相互掺杂,形成类似槟榔切面的花纹,称为槟榔肝。

②饥饿肝　由饥饿、长途运输、惊恐奔跑、挣扎、疼痛等因素引起,特征是肝脏呈黄褐色或黄色,但体积不肿大,结构质地无变化。

③肝硬变　萎缩性肝硬变时,肝脏体积缩小,被膜增厚,质地变硬,肝脏表面呈颗粒状或结节状,呈灰红色或暗黄色,称为石板肝;肥大性肝硬变时,肝脏体积增大 2～3 倍,质地坚硬,表面光滑,称为大肝。

④肝中毒性营养不良　为全身中毒感染的结果,各种牲畜都可发生,以猪为多见。初期似脂肪肝,随后在黄色背景上出现红色斑纹,肝脏体积缩小、柔软,触压有波动感。

⑤肝淤血　轻度淤血,肝脏实质正常。淤血严重的,肝脏呈蓝紫色,包膜紧张、肿胀,切开肝实质,有较多深紫色血液流出。

⑥肝色素沉着　多见于老龄畜,肝脏呈褐黑色,质地松脆。

⑦肝坏死　由坏死杆菌感染造成的一种损害,多见于牛。肝脏表面和实质散在有灰色、灰黄色豌豆大的凝固坏死灶,质地脆弱,周缘有红晕。

⑧肝胆管扩张　轻者切开肝实质可见胆管扩张,流出污绿色稀薄胆汁;重者肝脏呈灰黄色,实质锐薄,胆管明显扩张,无弹性,有较多污绿色胆汁流出或胆盐沉着。

(2)肝脏病变的处理

第一,脂肪肝、饥饿肝以及轻度的色素沉着、淤血和肝硬变,作高温处理后出厂(场)。

第二,槟榔肝、大肝、石板肝、胆管扩张肝、中毒性营养不良肝以及脓肿、坏死肝,一律作化制处理。

4. 脾脏病变的种类与处理

(1)脾脏病变的种类

①急性炎性脾肿　脾脏较正常增大2～3倍,有时达5～10倍,常见于一些败血性传染病。

②屠宰脾　生猪宰后仅脾脏充血、肿大,而胴体和淋巴结都正常,细菌检验呈阴性。

③脾脏梗死　常发生于脾脏边缘,约扁豆大。

④脾脏脓肿　常见于牛创伤性网胃炎。

⑤肉芽肿结节　多见于结核病、布鲁氏菌病等。

(2)脾脏病变的处理　凡具有病理变化的脾脏,一律不得食用,作化制或销毁处理。

5. 肾脏病变的种类与处理　肾脏病变除特定传染病和寄生虫病引起的病变外,尚有肾脓肿、肾结石、肾盂积水、肾梗死、肾皱缩、肾囊肿等。

除轻度肾结石、肾囊肿、肾梗死可局部切除后食用外,其他各种病变的肾脏,一律作化制或销毁处理。

6. 胃肠病变的种类与处理 胃肠可发生各种类型的病理变化,如出血、炎症、糜烂、溃疡、坏疽、寄生虫结节、结核、肿瘤等。猪宰后检验有时发现肠壁和局部淋巴结含有气泡,称为肠气肿。

气肿肠放气后可供食用,其他病变胃肠一律作化制或销毁处理。

三、屠宰畜禽肿瘤的处理

肿瘤是指机体在某些内外致瘤因素的作用下,一些组织、细胞发生质的改变,表现出细胞生长迅速,代谢异常,新生细胞幼稚化,其结构和功能不同于正常的细胞,表现异常增生的细胞群。屠宰畜禽宰后检验发现的肿瘤,形态多种多样,大多数肿瘤呈大小不一的结节状,生长于组织表面或深层,单发或多发,与周围正常组织有明显或不明显的分界。

良性肿瘤大多呈球状,表面比较平整,有较厚的包囊;切面呈灰白色或乳白色,质地较硬。宰后检验中发现良性肿瘤只需将肿瘤割除,其余部分不受限出厂(场)。

恶性肿瘤大多表面凸凹不平,有的多个结节融合在一起,形状不规则,有较薄或不完整的包囊,或无明显的包膜;切面大多呈灰白色或鱼肉样,质地较嫩,均匀一致或呈分叶状。

生猪屠宰常见肿瘤包括肝癌、淋巴肉瘤、纤维瘤、肾母细胞瘤、平滑肌瘤、黑色素瘤;牛、羊屠宰常见肿瘤包括牛淋巴肉瘤、肝癌、腺瘤、纤维瘤、纤维肉瘤、乳头状瘤和羊肺腺瘤;禽类屠宰常见肿瘤包括鸡马立克氏病、白血病、肾母细胞瘤、卵巢腺癌、肝癌、鸭腺癌、鹅淋巴肉瘤。

当发现肿瘤时，应按以下规定进行处理。

第一，1个脏器上发现肿瘤病变，胴体不瘠瘦，且无其他明显病变的，患病脏器作工业用或销毁，其他脏器和胴体高温处理后供食用；胴体瘠瘦或肌肉有变化的，胴体和内脏作工业用或销毁。

第二，2个或2个以上脏器发现有肿瘤病变的，胴体和内脏作工业用或销毁。

第三，经确诊为淋巴肉瘤或白血病的，不论肿瘤病变轻重或多少，胴体和内脏一律作工业用或销毁。

四、气味异常肉的种类与处理

(一)气味异常肉的种类

1. 带有饲料气味　动物屠宰前长期饲喂带有浓郁气味的饲料，例如苦艾、独行菜、烂萝卜、烂甜菜、芸香类植物、油渣饼、蚕蛹粉、鱼粉和泔水等，宰后其肉和脂肪具有饲料气味、鱼腥味等异常气味，烹调加工时，气味更浓。

2. 带有性气味　未去势或晚去势的公畜，特别是公山羊和公猪，其肉常发出难闻的性臭味。一般认为，肉的性气味在去势后2～3周消失，脂肪组织的性气味在去势2.5个月后才消失，而唾液腺(颌下腺和腮腺)的性气味消失得更晚。

3. 带有药物气味　给屠畜灌服或注射具有芳香气味或其他异常气味的药物，如松节油、樟脑、乙醚、氯仿、克辽林等，可使肉带有药物气味。长期饲喂被农药污染的作物茎根、牧草等，也能使肉带有农药气味。

4. 带有病理气味　屠畜宰前患有某些疾病,可使肉带有特殊的气味。例如,动物患坏疽性炎症或脓毒败血症时,肉常有脓性恶臭气味;患气肿疽或恶性水肿时,肉有陈腐的油脂气味;患泌尿系统疾病时,肉具有尿臭味;患酮血症时,有怪甜味;患胃肠道疾患时,肉具有腥臭味;砷制剂中毒时,胴体有大蒜味;家禽患卵黄性腹膜炎时,肉有恶臭味。

5. 带有其他附加气味　肉置于有特殊气味(如油漆、消毒药、烂水果、蔬菜、鱼虾、漏氨冷库、煤油等)的环境中,可因吸附作用而具有某种特殊气味。

6. 带有发酵性酸臭　新鲜胴体由于贮存条件不好(挂得过密或堆叠放置),胴体间空气不流通,胴体温度不易在短时间内降低,而引起自身产酸发酵,使肉质地软化,色泽深暗,带酸臭气味。

(二)气味异常肉的处理

第一,病理性因素引起的异味,应按疾病性质进行处理。

第二,胴体的局部或脏器有异味的,将有异味的局部或脏器销毁,其余部分不受限制食用。

第三,整个胴体有异味的,首先将胴体置于通风处 1 天,然后进行煮沸试验。煮沸试验仍有异味的,作化制或销毁处理。

五、色泽异常肉的种类与处理

(一)黄　脂

又称黄膘,系脂肪组织的一种非正常的黄染现象。发生原因主要与饲草、饲料和机体色素代谢功能失调有关。当给猪饲喂玉米、胡萝卜、紫云英、油菜籽饼、亚麻籽饼、鱼粉、蚕蛹粉等时,可引起脂肪组织发黄。此外,维生素 E 缺乏也会导致脂肪变黄。

1. 外观特征 皮下或体腔脂肪组织呈黄色、质地变硬,其他组织不着色。一般随放置时间的延长黄色逐渐减退,放置 24 小时以后即全部褪色,烹饪时香味不减。

2. 处理 饲料引起的黄脂肉,无其他不良变化时,可以食用;如伴有其他不良气味时,应作化制或销毁处理。

(二)黄 疸

黄疸是由于体内胆红素形成过多,或排泄障碍造成血液中胆红素浓度增高,大量胆红素进入血液,将全身组织黄染。黄疸见于家畜的多种疾病。肝细胞性黄疸见于传染性肝炎、钩端螺旋体病、肝片吸虫、败血症和有机磷中毒等;溶血性黄疸见于梨形虫病、锥虫病;阻塞性黄疸见于胆结石、蛔虫阻塞等。

1. 外观特征 皮肤和黏膜发黄,宰前即可检出。宰后除脂肪组织发黄外,皮肤、黏膜、结膜、关节滑膜囊液、组织液、心血管内膜、肌腱,甚至实质器官,均呈不同程度的黄色。关节滑膜囊液、组织液、心血管内膜和皮肤的发黄,在黄疸的诊断和与黄脂的鉴别上,具有重要的特征性意义。

2. 处理 黄疸胴体和内脏不能食用,应结合具体疾病作化制或销毁处理。

(三)红 膘

红膘是由于皮下脂肪的毛细血管充血、出血或血红素浸润而使其呈现粉红色。皮下脂肪组织明显红于正常的猪胴体(白条肉)称为红膘肉。红膘常见于急性猪丹毒、猪肺疫,宰前长途运输、受冷热刺激或机械性刺激、饲养管理不当等也可引起。宰后检验发现红膘时,应仔细检查其他组织器官有无异常,以便做出正确判定。红膘按其发生的原因,可分为 4 种类型:一是由生猪死后屠宰引起;二是由疾病引起;三是由屠宰加工工艺不当造成;四是由饲养管理不良所致。

发现红膘应按以下规定进行处理。

第一,确认为急性猪丹毒和冷宰猪的胴体必须销毁。

第二,患猪肺疫的胴体应高温处理后再出厂(场)。

第三,其他原因引起的红膘,高温处理后可以食用。

(四)黑色素沉着

黑色素沉着又名黑变病,是指黑色素沉着于正常情况下无黑色素存在的部位。沉着区呈棕色、褐色或黑色,由斑点状至连成大片,有时波及整个器官。发现黑色素沉着的情况应局部修割病变部位或销毁病变器官,其余部分可以食用。

(五)嗜酸性粒细胞肌炎

嗜酸性粒细胞肌炎是指在骨骼肌和心肌局部病灶内出现大量的嗜酸性粒细胞为主的肌肉炎症,病变常见于胸肌、膈肌、腹肌、背最长肌、臀部肌肉和心肌。病变部位呈细长形,与肌纤维方向一致,长 5～25 毫米,横切面为圆形,中心为病灶,周围有出血。病灶呈界限清楚的点状或弥散性黄白色区,新鲜肌肉中出现绿色病灶,在空气中则褪色变成白色。轻者仅在少数几块肌肉内发现,重者可波及大面积骨骼肌和心肌。

发现本类情况时,轻者将局部病变组织切除,其余部分可以食用;重者胴体作化制或销毁处理。

(六)白 肌 病

白肌病的特征是心肌和骨骼肌发生变性与凝固性坏死,病变肌肉苍白呈条纹斑块,质地松软、湿润,状似鱼肉,严重的肌肉质地略显干硬,晦暗无光,在苍白色的切面上可见到大量散在的灰白色小点,偶尔还有局部钙化灶。此外,患白肌病的胴体消瘦,全身淋巴结髓样肿胀。白肌病属于营养代谢性疾病,与体内维生素 E 和硒缺乏有关。

发现白肌病时,变化轻微且局限者,切除病变部位后可以食用;全身肌肉有病变者,胴体作化制或销毁处理。

(七)白 肌 肉

白肌肉(PSE)的特征是肌肉色泽发白,质地柔软,并有液体渗出。白肌猪肉通常都发生在负重较大部位的肌肉,主要是后肢肌肉,其次是背最长肌,偶见于前肢,后肢肌肉的病变往往左右对称。这种肉经测定,其水分含量比正常肌肉明显要高,蛋白质含量比正常肌肉明显降低。

白肌肉的发生与品种和个体有密切关系。凡对环境应激刺激适应能力较低的猪,往往容易产生白肌肉。另外,外界环境中的各种物理的和机械的应激刺激,如高温、运输疲劳、长期运动不足以及电麻等因素对白肌肉的形成也有很大关系。

白肌猪肉味道不佳,品质差,如果感官上变化轻微,可以食用,但不宜制作腌腊制品;如果有病变出现,应切除病变部位,其余部分熟制加工后食用。

(八)黑 质 肉

黑质肉(DFD)的特征为肌肉颜色深暗,质地粗硬,切面干燥。特征性变化最常见于股部肌肉和臀部肌肉。黑质肉的发生是由于动物屠宰前长时间处于紧张状态,使肌肉中糖原大量消耗,肉成熟时产生的乳酸减少所致。

黑质肉不影响食用,但不耐贮藏,不宜鲜销,可在熟制加工后销售。

(九)脂肪性肌肉萎缩

脂肪性肌肉萎缩是肌肉组织被异常多的脂肪组织所取代的一种病理现象,不伴有炎症性变化。本病主要发生在臀肌、腰肌和肩部肌群,其表现为受害肌肉间有多量的脂肪组织,在一块肌肉的切面,可发现一处或多处界限明显的脂肪浸润区,红白相间,呈大理石样外观,原有脂肪组织的部位,其脂肪含量也明显增多。

本病变属于一种继发性假性肥大,即骨骼肌因长期不运动而萎缩,脂肪组织增生,填充空隙,因而肌肉的总体积不见缩小,反而稍见增大,这种变化无碍食肉卫生。

第八章　屠宰检疫的监督与管理

屠宰检疫监督管理是指动物防疫监督机构依照动物防疫法律、法规、国家标准、行业标准、动物检疫管理规定,对畜禽屠宰加工场所、屠宰加工过程、产品经营活动中落实动物防疫法律、法规进行监督、检查,及时发现、制止、纠正、处理违法行为,促使有关单位和个人依法履行义务。同时,加强检疫监督机构内部人员执法情况的监督,为肉品卫生安全提供法律保证。

一、屠宰厂(场)的监督管理

畜禽屠宰加工厂(场)的厂(场)址选择、厂(场)区布局、病害产品的无害化处理、屠宰污水净化处理以及防疫消毒等,与公共卫生安全十分密切,必须严格落实动物卫生条件的相关规定和制度,维护社会公共卫生安全。

(一)建厂(场)审批和验收

1. 新建审批　新建屠宰加工厂(场)须经当地规划部门审批,工程设计中与动物防疫有关的部分,应当符合动物防疫法律、法规规定的动物防疫条件,并经当地动物防疫监督机构审核。

2. 竣工验收　工程竣工时,与动物防疫有关的部分应当由动物防疫监督机构组织验收。验收合格的,由动物防疫监督机构核发动物防疫合格证。未取得动物防疫合格证明的屠宰加工厂(场)不得开业或投产使用。

(二)厂(场)址的选择条件

第一,屠宰加工厂(场)的厂(场)址应远离居民区、医院、学校、水源及其他公共场所,并避开畜禽饲养场、养殖小区,位于当地主风向和居民区的下风向,以免污染居民生活环境和畜禽饲养环境。

第二,畜禽屠宰加工厂(场)应地势平坦并有一定坡度,地下水位不低于地面 1.5 米,以保持场地干燥和清洁。

第三,屠宰加工厂(场)周围环境良好,没有有害气体、粉尘和噪声污染,无污水排放,无废弃物堆积。

第四,具有充足的生产、生活水源供应,水质应符合《生活饮用水卫生标准》(GB 5749—85)。

(三)厂(场)区的布局

屠宰加工厂(场)区的布局要符合科学管理、方便生产和清洁卫生的原则。各车间和建筑物的配置要布局合理,既要连贯适合工艺流程,又要做到病健分离和分开屠宰,不使原料、产品、副产品和废弃物在生产和转运过程中造成交叉污染。

1. 宰前管理区 包括验证查物区、入厂(场)消毒池、畜禽卸载台、待宰圈、检疫栏、检疫办公室和运输畜禽车辆消毒场所。

2. 隔离处理区 包括病畜禽隔离圈、急宰间、化制间、检疫办公室。

3. 生产加工区 包括屠宰加工车间、内脏整理车间、分割车间、肉制品和其他产品加工车间、冷藏库、检疫办公室、化验室,以及动力生产设备间等。

4. 行政办公区　包括办公室、车库、食堂和宿舍等。

5. 污水和污物处理区　屠宰加工厂必须设有屠宰污水、生产废水净化处理和粪便发酵处理等设施。

(四)病害产品的无害化处理设施

1. 高温处理设施　屠宰加工厂(场)应当建有进行病害产品无害化处理的高温处理设施,包括密闭高压锅和普通煮沸锅(蒸汽加热煮沸锅),建立专门的车间,并配备相应的配套设备。

2. 化制处理设施　病害产品、屠宰修割废弃品进行化制处理,不仅能够有效杀灭病害产品及废弃物携带的病原体,防止环境污染,达到维护公共卫生安全的目的,还可以生产出具有一定经济价值的供工业用的副产品,增加经济效益。化制设施包括湿化机和干化机,利用湿化机或干化机进行化制处理,应当建立专门的车间,并配备相应的配套设备。

3. 焚化处理设施　在没有大型湿化机的屠宰加工场,可以对患有恶性传染病的动物尸体采用焚尸炉整体焚毁的办法。焚尸炉设备简单,焚烧彻底,能达到炭化要求,缺点是焚烧时能产生不良气味,应采取相应措施防止污染环境。

(五)屠宰污水的净化处理

屠宰加工后排出的废水具有流量大、污物多、温度高、气味不良的特点,而且含有大量致病微生物和寄生虫卵,如不经净化处理直接排放,就会严重危害公共卫生安全。因此,对屠宰加工企业产生的废水必须进行净化处理。屠宰污水的净化处理通常包括预处理、生物处理、消毒处理3个阶段。

1. 预处理　常用方法是设置格栅、格网、沉沙池、除脂槽、沉淀池等,去除污水中的悬浮固体、胶体、油脂、泥沙等,以减少生物处理时的负荷。

2. 生物处理 通常采用曝气处理法。经过预处理的污水流入曝气池,曝气池内存有大量需氧微生物和原生动物,在鼓风机的吹动下与污水密切接触,污水中含有的有机物被生物分解,最终形成微生物活性污泥,在沉淀池内,污泥变成大絮团,使污水得到净化。

3. 消毒处理 经过生物净化处理后的污水,水中的有机物得到了清除,但还含有大量的菌类,特别是常含有大量的病原菌,需经过药物消毒处理方可排出,常用的方法是氯化消毒。

屠宰加工厂(场)排放的污水应达到国家规定的排放标准,须经当地环境保护部门取样检验和审核,并应取得污水排放许可证。

(六)卫生管理与防疫制度

畜禽屠宰厂(场)是动物和动物产品的重要集散地,是预防控制动物疫病的关键环节,加强畜禽屠宰厂(场)的动物卫生管理和防疫消毒,对保障广大消费者食肉卫生安全和防止疫病传播扩散具有极其重要的意义。

1. 宰前管理防疫制度 包括出入厂(场)区车辆消毒,运输畜禽车辆清洗消毒,卸畜(禽)台、待宰圈、检疫栏清洁消毒和厂(场)区消毒等。

2. 隔离处理防疫制度 包括病畜、可疑病畜隔离处理和诊疗规定,病畜急宰处理规定,工作区域防疫消毒制度等。

3. 屠宰加工卫生管理制度 包括屠宰工艺管理规定,屠畜(禽)宰前停食管理规定,屠畜淋浴净体规定,屠宰加工过程中摘除"三腺"(甲状腺、肾上腺、病变淋巴结)和修割病变部分的规定,屠宰加工车间场地、用具、机械清洁消毒以及屠宰加工用水管理规定等。

4. 无害化处理制度 包括病害畜禽胴体、内脏、修割病变部分的运送规定,高温、化制、销毁处理管理制度,污水、污物处理管理制度等。

5. 疫情报告和处理制度 包括发现重大疫病病畜(禽)、可疑病畜(禽)的疫情报告制度,重大疫病患畜(禽)扑杀处理制度,同群畜(禽)处理制度,屠宰加工场所封锁、清洁、消毒制度等。

二、动物产品经营活动的监督管理

动物产品的销售、冷藏、加工等经营活动,是畜禽屠宰的延续。加强动物产品销售、冷藏、加工等经营活动的动物防疫监督管理,是动物防疫监督机构的重要职责,是保证消费者食肉安全的重要环节。

(一)动物产品销售的监督管理

1. 销售场地须具备的防疫条件 包括有符合规定的盛装容器、专用案板和计量器具,应有防蝇、防尘和防腐设施;有健全的消毒制度和消毒设施;动物产品销售场所经动物防疫监督机构审查验收合格,取得动物防疫合格证。

2. 销售者凭证经营 包括销售者取得动物防疫合格证,亮证经营,承担违法经营的法律责任;经卫生防疫部门体检合格,取得健康证明。

3. 肉品的检疫证明、验讫标志齐全 包括有效的动物产品检疫合格证明或出县境动物产品检疫合格证明以及动物、动物产品运载工具消毒证明,猪胴体加盖滚筒验讫印章,牛、羊、禽类胴体加盖针刺检疫印章。分割包装产品包装袋印有或加贴检疫标签。

4. 监督管理的方式 在较大的市场建立检疫办公室,派驻专人监督检查,对小型分散的市场采取巡回监督检查的方法。

(二)动物产品冷藏的监督管理

1. 冷藏场所须具备的防疫条件 包括冷贮温度应符合国家有关规定,达到$-15℃\sim-18℃$;有吊挂胴体的吊钩、摆放包装肉品的垛架;有冷贮内脏的冷藏盘;有不同品种、不同品质肉类分别贮存的区域;有防鼠设施,库房内无鼠害。应取得动物防疫监督机构核发的动物防疫合格证,经营者身体健康,有健康证。

2. 入库动物产品的要求 产品入库须向动物防疫监督机构报检,具备有效检疫合格证明,品种、品质、数量与检疫证明相符;胴体加盖有检疫验讫印章,分割包装产品外包装印有或加贴有检疫标签,经检疫合格的方可入库贮藏。

3. 出库动物产品的要求 动物产品出库须向动物防疫监督机构报检,经检疫合格的出具检疫证明,加贴检疫标签,动物产品凭检疫证明、检疫标签出库和运输。

4. 防疫制度健全 包括有冷藏场所和工作区域的消毒制度,动物产品出入库报检制度,出入库产品登记(台账)制度,病害、变质产品无害化处理制度,具有完备的消毒设施,保持场地清洁,进行定期消毒和出入库区车辆消毒。

5. 监督管理方式 可在大型冷藏企业建立检疫办公室,派驻专人监督检查,对中、小型冷库可采取货主随时报检、随时检疫和不定期抽查的方法进行监督检查。

（三）动物产品加工的监督管理

1. 加工场所应具备的防疫条件 包括具有封闭的场院和清洁的水源；有达到卫生标准的加工车间、加工专用器具；有贮存原料肉的冷藏设备；采购、运输原料肉必须具有清洁的包装、容器和运载工具，有病害品和废弃物品无害化处理设施和污水处理设施。

2. 取得动物防疫合格证 动物产品加工营业前应当向动物防疫监督机构申报验收，动物防疫监督机构验收合格的，核发给动物防疫合格证，未取得动物防疫合格证的不得开业或投产使用。

3. 原料肉的采购和登记 采购具有检疫合格证明的动物产品，少量采购的动物产品要做好原料肉品采购登记，大量采购的动物产品必须具有产品检疫合格证明，胴体上加盖有检疫验讫标志，并做好采购登记。不具备屠宰条件的加工单位或个人，不得自行屠宰畜禽。

4. 健全的防疫制度 包括从业人员体检制度，加工场所、器具消毒制度，病害产品和废弃物无害化处理制度，污水处理制度，原料肉采购加工登记制度。

5. 监督管理方式 同动物产品冷藏监督管理。

三、检疫队伍内部的监督管理

动物防疫监督机构加强对检疫队伍内部的监督管理，是保证检疫监督工作规范开展、提高检疫监督工作水平和工作效能的重要措施，必须放在重要的位置，切实组织好、落实好。

(一)检疫岗位责任制

1. 设置检疫岗位 依据动物防疫法律、法规、国家标准、行业标准和动物检疫管理办法,结合具体工作实际,设置相互衔接的检疫工作岗位。

2. 制订岗位职责 岗位职责的制订应符合检疫程序和检疫规程的要求,并具有可操作性,责任明确,具体到人,使每一个具体检疫岗位上的人员熟悉岗位工作规定。

3. 建立考核制度 考核应严肃认真,奖惩严明,不搞形式化,发现问题及时纠正和处理,实施责任追究制度,保证检疫工作质量,维护检疫工作信誉。

(二)检疫工作规范化管理

1. 检疫员任职资格与上岗 动物检疫是动物卫生专业技术与行政管理相结合的专业行政执法工作,检疫人员须具备政治、法律、专业技术 3 项基本素质。检疫人员专业技术应达到兽医中专及其以上学历,并经省级动物防疫监督机构培训考核,取得专业技能等级证书和动物检疫员证,方可上岗实施检疫工作。

2. 检疫操作规范化 动物产地检疫应首先调查疫情,查验防疫档案和免疫证明,其次查验畜禽标志,证标齐全的实施临栏健康检查,种用、乳用、役用动物还应进行实验室检验。屠宰检疫应严把畜禽入厂(场)验证查物、宰前检疫、同步检疫、无害化处理、加盖验讫印章和出具检疫证明等 6 个关键环节,应检项目必须检,应剖检部位必须动刀,以规范化操作保证检疫质量。严格执行疫情报告和疫情处理规定,防止越权和渎职行为发生。

3. 检疫指标达标 动物检疫指标包括：产地检疫开展面100%，规模饲养场产地检疫率100%，农村散养动物产地检疫率95%以上；屠宰检疫开展面100%，屠宰畜禽同步检疫率100%，待宰猪、牛、羊的畜禽标识佩戴率100%，病害动物及其产品无害化处理率100%，动物产品经营者动物防疫合格证办证率100%，屠宰检疫合格动物产品的检疫合格证出证率100%，验讫标志加施率100%。

4. 检疫票证的使用与管理 检疫票证管理做到"四专"，即专人保管、专账登记、专库（柜）存放、专证专用。具有检疫员资格并上岗实施检疫的人员，方可出具检疫证明，其他人无权出具检疫证明；票证填写错误给货主造成经济损失的，由出证人员承担赔偿责任。票证使用情况实行"三审核、两监督"，即市、县、乡动物检疫机构三级审核，市、县动物防疫监督机构两层监督，防止违纪票证的使用和检疫过程中违规、违纪行为的发生。

（三）优化服务

1. 实施政务公开 包括动物防疫法律、法规，动物检疫项目、内容、方法和收费标准，动物检疫单位对社会的承诺内容和监督电话，均应全部向社会公开，接受上级领导机关、相关部门、消费者和社会各阶层的监督。

2. 制订检疫工作守则 包括动物检疫工作准则、动物检疫文明用语、动物检疫禁止行为等。

3. 参与精神文明建设 开展动物检疫"首问责任制"等项活动，把动物检疫队伍的培育与锻炼融入和谐社会建设，在潜移默化中逐步提高检疫队伍的基本素质。

第九章　畜禽常见疫病的检疫

一、人兽共患传染病的检疫

炭　疽

炭疽是由炭疽杆菌引起的一种人兽共患的急性热性传染病,其临床特征是患畜突然发生高热,可视黏膜发绀,濒死期和死后天然孔出血,尸僵不全呈败血症变化,血凝不良,颜色、性状如煤焦油样。炭疽可感染多种动物,家畜中以牛、马和羊的易感性最强,且多为败血型;猪的敏感性较低,感染本病时,多表现为局限性,有时甚至表现为隐性型,只有在屠宰加工过程中才发现病灶。

炭疽病畜是本病的主要传染源,特别是临死前的病畜与新鲜尸体是最危险的传染源。临死前的炭疽病畜由天然孔流出的血液和排出带血的粪尿,以及新鲜尸体的血液、组织和脏器中,都含有大量的炭疽杆菌,处理不当时,最易引起病原体散布,污染水源、土壤和其他环境,造成本病的扩散。

炭疽对人、畜的危害性很大,炭疽芽孢具有很强的抵抗力,发生炭疽时必须进行严谨、彻底的卫生防疫处理。家畜屠宰加工中的肉品卫生检验应对炭疽保持高度警惕。人在接触病畜、剖检或处理病尸以及进行皮、毛等畜产品加工时,可能通过破损的皮肤或体表黏膜感染而发生皮肤炭疽;食用炭疽病畜肉或含炭疽芽孢的食物和水,可能引起肠炭疽;如在处理炭疽病畜产品时吸入含有炭疽芽孢的尘埃,则可发生肺炭疽。

【宰前鉴定】 炭疽的临床症状分为最急性型、急性型、亚急性型和慢性型 4 种病型,其潜伏期一般为 1～3 天,有的可达 14 天。

(1)最急性型 常见于绵羊和山羊,偶尔也见于牛和马。病畜呈败血症症状,表现为突然发病,外观健康动物突然倒地,全身痉挛,呼吸高度困难,迅速死亡,病程数分钟至数小时。天然孔流出带泡沫的黑红色血样液体,血凝不全。

(2)急性型 牛炭疽以急性型最为常见,表现体温升高(41℃～42℃),可视黏膜发绀,排血尿,食欲废绝,肌肉震颤,行走蹒跚。濒死期体温急剧下降,呼吸困难,天然孔出血,痉挛、倒地死亡。病程 1～2 天。

(3)亚急性型 与急性型症状相似,但病程较长,以马最为常见。常在咽喉、颈部、肩部、胸前、腹下、外阴部出现炭疽痈,此外还表现为剧烈的腹痛症状。

(4)慢性型 猪对炭疽抵抗力较强,常取慢性经过,多为局部症状。典型症状为咽型炭疽,表现为体温升高,咽喉部和附近淋巴结及其周围组织肿胀,甚至蔓延至颈部、胸部,发生吞咽和呼吸困难,常因窒息而死亡。犬及其他肉食兽对炭疽有较强的抵抗力,也多呈慢性经过。

【宰后鉴定】 宰后检验极少能见到败血型炭疽病畜,检出的常为痈型、局限型或非典型炭疽。炭疽依其发生部位不同可以分为以下几种。

(1)咽炭疽 多发生于猪,约占猪炭疽的 90%。咽炭疽以扁桃体为始发部位,而后波及咽背、颌下淋巴结及其周围组织。眼观病猪颌下和颈部明显肿胀,该部皮下组织有大量黄色出血性胶样浸润。扁桃体黏膜肿胀、坏死,表面被覆灰黄色或黑褐色固膜性痂。扁桃体周围组织出血、水肿,咽背、颌下和颈上淋巴结肿大,切面呈红色或砖红色,湿润、多汁,并有散在黑褐色点状坏死灶。

(2)肠炭疽　常见于牛、羊和猪,多发生于十二指肠和空肠的前段,一般为痈型。眼观痈部的肠浆膜明显有充血和出血变化,并有纤维素被覆,透过肠浆膜有时可见到砖红色的肿块。剪开肠管可见肠黏膜肿胀、显著出血,呈暗红色。集合淋巴小结高度肿大,呈紫黑色的圆形或椭圆形,向肠腔突出,其黏膜往往坏死而形成火山口状溃疡,其上覆盖褐色或黑色结痂。病变部肠壁增厚,形似橡皮管。痈邻近肠系膜呈出血性胶样浸润,肠系膜淋巴结发生浆液性或出血性炎症。

(3)肺炭疽　比较少见,偶尔发生于猪。病变通常多发生于膈叶的前下部,有时也见于尖叶和心叶。肺部的炭疽痈一般是大小不等的黑红色圆形肿块,切面干燥、硬脆,呈砖红色或樱桃红色,散在灰黑色细小的坏死灶。支气管和纵隔淋巴结肿大,质硬而脆,切面呈深红色,其周围有明显的胶样浸润。

(4)皮肤炭疽　初期在皮肤上出现鲜红色圆锥状隆起的病灶,病灶顶端有一含浑浊液体的小泡,以后小泡逐渐干枯形成褐色痂皮,周围有广泛的炎性水肿。局部淋巴结呈浆液性出血性炎症变化。牛和绵羊常发生皮肤炭疽。

(5)非典型炭疽　在牛曾发现有顿挫型和潜伏慢性经过的病例发生;在羊曾发现有脾脏不肿大、淋巴结无明显病变的情况。

【鉴别诊断】

(1)牛炭疽与出血性败血症的鉴别　出血性败血症的患畜脾脏多不肿大,出血性胶样浸润常局限于咽喉部与前颈部,病程较久的病例,可发现纤维素性胸膜肺炎。

（2）牛炭疽与梨形虫病的鉴别　梨形虫病患畜脾脏亦有肿大、淤血，但色泽浅、脾髓不软化；皮下组织胶样浸润无出血性质；黏膜和浆膜通常有黄染发生。

（3）牛炭疽与气肿疽的鉴别　气肿疽的肿胀部位通常发生于肌肉丰满处，且有捻发音，其渗出液带气泡并具有酸臭味，脾脏无明显变化。

（4）猪咽炭疽与猪丹毒的鉴别　猪丹毒无炭疽特征性的咽喉部炎性水肿和颌下淋巴结、肠系膜淋巴结的出血性坏死性病变。

（5）猪咽炭疽与链球菌病的鉴别　猪下颌淋巴结感染链球菌发生坏死时，病变区呈淡黄红色，且沿小梁广泛分布，状如小脑切面，与局限性炭疽的砖红色和蜂窝状出血性坏死损害不同。

（6）猪炭疽与猪瘟的鉴别　患猪瘟时受损害的肠系膜淋巴结不具有患炭疽时经常见到的干燥、脆硬与蜂窝状出血性坏死病变。猪瘟通常损害肉尸全部或大部分淋巴结，表现为出血性淋巴结炎，切面如大理石样；而局限型炭疽仅损害由病变部汇集淋巴的局部淋巴结，切面不具有大理石样外观，而呈蜂窝状出血性坏死变化。

【实验室检验】

（1）细菌学检查　炭疽病的确诊一律须经细菌镜检。疑为败血型炭疽时，由血液、脾脏、肝脏、肾脏、淋巴结取样；疑为局部炭疽时，由疽部水肿液、病变淋巴结取样，涂片镜检。

（2）免疫学试验　可采用沉淀反应、间接血凝试验、琼脂扩散试验、荧光抗体试验等方法确诊。

【卫生评价与处理】

(1)炭疽病畜的处理　病畜禁止屠宰,无血扑杀,尸体进行销毁。此项工作在确诊后必须立即进行,且运输工具必须是不漏水的,防止污染环境。

(2)产品的处理　胴体和内脏、皮毛、血液等产品,全部同批产品及副产品按《畜禽屠宰卫生检疫规范》(NY 467－2001)规定全部进行销毁处理。

(3)防疫措施　第一,立即停止生产、封锁现场,向动物防疫监督机构报告疫情;第二,屠宰车间场地和设备、畜圈、厂(场)区进行彻底消毒,清除粪便,污物进行焚毁,金属器械和用具进行高温消毒;第三,搞好疫情处理人员的卫生防护,工作服、胶靴、胶手套、口罩、防护镜应佩戴齐全;第四,做好疫情处理防护用品和工具的消毒处理,一次性防护用品用后应当立即进行焚毁;第五,停产封锁期间按规定进行防疫消毒。

结 核 病

结核病是由结核分枝杆菌(简称结核杆菌)引起的一种人兽共患慢性传染病,临床表现为病畜消瘦,贫血,咳嗽,局部淋巴结肿大变硬,无热痛。本病多发生于牛,其次是猪和鸡,羊少见,马更少见。其病理特征是在机体组织中形成结核性肉芽肿和干酪性坏死灶。

结核杆菌分为人型、牛型和禽型3种类型。牛型主要侵害牛,也侵害人;人型侵害人,牛也感染;禽型主要侵害鸡和水禽类。猪对3种类型结核杆菌都有易感性,但以感染牛型和禽型者为多。人感染牛型结核主要是饮用结核病牛所产的奶、被结核菌污染的牛奶、接触病畜或病畜肉品所引起。

【宰前鉴定】

（1）猪　主要经消化道感染，多表现为淋巴结核。下颌淋巴结、咽后淋巴结和颈淋巴结等肿大发硬，无热痛。

（2）牛　常见肺结核、乳房结核、淋巴结核、肠结核等。特征性病变是渐进性消瘦和贫血。肺结核时，病牛短促干咳，渐变为湿性咳嗽，呼吸促迫，运动后更为显著；乳房结核时，两侧乳房不对称或变形，乳房中部可摸到无热无痛的局限性或弥漫性硬结；淋巴结核时，可见下颌、肩前、乳房和其他体表淋巴结肿大、发硬或破溃；肠结核时，表现顽固性腹泻。

（3）羊　羊的结核病极为少见，个别感染者一般呈慢性经过，无明显临床症状。

（4）禽　鸡和火鸡易感。病鸡精神委靡，衰弱，日渐消瘦，羽毛粗乱，贫血，冠和肉髯苍白，腹泻，有时出现跛行。

【宰后鉴定】

（1）猪　全身性结核不常见，头颈部和肠系膜淋巴结、肝脏、脾脏等部位可出现一些小的病灶。局部淋巴结增大，结核结节显著，呈淡白色，并发生干酪化或钙化。

（2）牛　特征性病变是在肺脏和其他被侵害的组织器官内形成白色的结核结节，粟粒大至豌豆大，呈灰白色、半透明状、较坚硬，多为散在，在胸膜和腹膜的结节密集似珍珠，故称为"珍珠病"。病程较久的，结节中心发生干酪样坏死或钙化，形成脓腔或空洞。消化道淋巴结、肝脏也常受到感染。

（3）羊　结核病损害多发生于肺脏和胸部淋巴结，肝脏、脾脏也常见结核病灶。

（4）禽　鸡结核病的病变多见于肝脏，其次是脾脏和肠管，肺脏受损则较少。肝脏散布大量粟粒大或更小的灰白色结节，有的则出现大如豌豆至鸡卵甚至更大的结节，坚硬呈灰白色或灰黄色,切面呈同心纹状。肠结核常见肠壁淋巴结发生干酪样坏死。

【鉴别诊断】 在宰后检验时应注意与放线菌病、寄生虫结节、伪结核病相区别。

(1)结核病与放线菌病肉芽肿的鉴别 结核病病灶的切面平滑,内含干酪样坏死物并往往钙化;肺脏、乳腺、肝脏和淋巴结等器官的放线菌病肉芽肿结节,类似结核结节,但主要由柔软的肉芽组织构成,结节断面显著隆突,肉芽组织中含有灰黄色脓汁,无干酪样坏死,脓汁内常混杂着黄色硫黄颗粒状或砂粒状放线菌块。

(2)结核病结节与寄生虫结节的鉴别 宰后检验时,有时于肺脏、肝脏等器官内发现因棘球蚴死亡而形成的凝块状或钙化小结节,形似结核结节,但此时一般不伴发淋巴结的变化,且因钙化容易自包膜刮下,故与结核结节易于区别。

另外,在牛肠系膜淋巴结内有时发现因锯形舌状虫或吸虫幼虫引起的坏死灶,其外形也与结核病灶相似。但其病灶中含有淡黄色或灰白色脓样物或钙盐沉着,镜检可发现存活的虫体或虫体残骸,故可与结核病相区别。

(3)结核病与伪结核病的鉴别 牛、羊患伪结核病时,宰后检验易与结核病相混淆。伪结核病淋巴结显著肿大,病初内含黄绿色无臭干酪样脓汁,软似油灰状,经时较久则变干分层,故切面呈轮层状,颇似洋葱的断面。在脓肿周围常有厚的结缔组织性包囊。

【实验室检验】

(1)变态反应 宰前可疑病畜禽按《动物检疫操作规程》进行结核菌素点眼和皮内试验。

（2）显微镜检查　宰后取病变结节涂片，抗酸染色，镜检。

（3）其他试验　可用分离培养、动物接种、血清学检验等。

【卫生评价与处理】

（1）宰前检出的处理　病畜禽禁止屠宰，采取无血扑杀，并进行化制或销毁处理，同群畜禽急宰，胴体、内脏进行高温处理。

（2）宰后检出的处理　胴体、内脏进行化制或销毁处理，同批产品中与其相邻的前3后5位胴体、内脏进行高温处理。

布鲁氏菌病

布鲁氏菌病是由布鲁氏菌引起的人兽共患传染病。家畜中以牛、羊和猪最易感。本病在临床上以母畜流产、不孕和公畜发生睾丸炎为主要特征，有的发生腱鞘炎、关节炎。主要病理变化为全身弥漫性网状内皮细胞增生和形成肉芽肿结节。

人与病畜、带菌动物或流产物接触，食用未经消毒的病畜肉、乳及乳制品等，均能感染本病。

【宰前鉴定】　本病多属隐性感染，故临床症状常不明显，宰前不易发现。仅少数病畜出现关节炎（通常侵袭膝关节和腕关节）、滑液囊炎和腱鞘炎，病畜关节肿胀疼痛，呈现跛行。

猪、牛、羊感染布鲁氏菌病后，妊娠母畜流产是其主要表现，但不是必然的症状。加之屠宰牲畜一般饲养期很短，流产症状多数不能发现。因此，需要结合产地流行情况和血清学检查进行综合判断，必要时可进行快速凝集反应试验。

【宰后鉴定】

（1）猪　母猪常见阴道炎和化脓性坏死性子宫炎症状，偶见突出于子宫内膜上的高粱米粒大的黄白色结节。公猪可见化脓性坏死性睾丸炎、副睾炎和精索炎，有时也有化脓性关节炎和骨髓炎症状。

（2）牛　母牛表现阴道炎、化脓性坏死性子宫炎、胎衣滞留，间质性或实质性乳腺炎；公牛表现化脓性坏死性睾丸炎、副睾炎和精索炎；公、母牛都有纤维素性化脓性关节炎和滑液囊炎（肘关节、腕关节、跗关节和膝关节等）。

（3）羊　除有上述与牛、猪相似的病变外，尚有淋巴结、肝脏、脾脏、肾脏等组织器官的变化，比较多见的病变是布鲁氏菌病结节。

【实验室检验】　确诊本病可进行细菌学检查、变态反应诊断或血清凝集试验、补体结合试验等。

【卫生评价与处理】　布鲁氏菌病病畜及其产品处理同结核病的处理。

口蹄疫

口蹄疫是由口蹄疫病毒引起的急性、热性、高度传染性疫病。偶蹄动物易感性最强，其特征是在口、舌、唇、鼻、蹄、乳房发生水疱，并溃烂形成烂斑。本病具有强烈的传染性，传播速度很快，往往造成大流行，不易控制和消灭。虽然其死亡率低，但可给养殖业造成重大经济损失。

人类偶有感染，病人有发热、头痛、恶心、呕吐、口腔黏膜和指（趾）间皮肤出现水疱等症状。小儿易感性较高，常发生胃肠炎，严重者可引起心肌炎。

【宰前鉴定】　口蹄疫的主要症状是在皮肤和口腔黏膜上出现水疱和烂斑，最常侵害的部位为口腔和蹄部。由于畜种的不同，症状表现略有差异。

（1）猪　以蹄部水疱症状为主，轻的水疱破裂后表现出血并形成糜烂，如无细菌感染，1周左右痊愈；严重的蹄壳脱落，常卧地不起。鼻镜、乳房等可见到水疱。哺乳仔猪常因急性胃肠炎和心肌炎而突然死亡,病死率可达 60%～80%。

(2)牛 体温达 40℃～41℃,精神沉郁,反刍迟缓,闭口流涎,症状明显。在唇内、齿龈、舌表面和鼻镜等处出现水疱,约蚕豆大至核桃大,水疱破裂后,形成浅表的边缘整齐的红色烂斑。趾间和蹄冠也发生水疱,并很快破裂形成烂斑。如继发感染化脓菌,烂斑部可能化脓、坏疽,甚至引起蹄壳脱落。母畜乳房皮肤通常也出现水疱。

(3)羊 症状与牛大致相同,只是水疱较小。绵羊的水疱多见于蹄部,山羊往往在口腔和蹄部均有病变。

【宰后鉴定】

(1)水疱、糜烂 口腔、蹄部有明显的水疱、糜烂等变化,反刍动物的喉头、气管、食管、前胃等有时也可看到水疱、糜烂。

(2)虎斑心 呈慢性经过而死亡的动物,心肌有灰黄色与暗红色条纹状病变,呈虎斑心外观。

【鉴别诊断】

(1)猪 猪口蹄疫应与猪水疱病、水疱性口炎相鉴别。

①与猪水疱病的鉴别 症状颇似口蹄疫,不感染牛、羊,且主要发生于生猪集中的屠宰加工企业的饲养场和中转站的生猪仓库。

②与水疱性口炎的鉴别 不发生口腔水疱的先期症状,表现为周围发红的小丘疹状,与口蹄疫的口腔水疱明显不同。

(2)牛 牛口蹄疫应与水疱性口炎、牛瘟、牛痘相鉴别。

①与水疱性口炎的鉴别 本病的特征是牛口腔、舌面、乳头和蹄部的水疱,且易愈合,马属动物易感染,多发生于夏末秋初。

②与牛瘟的鉴别 牛瘟病畜眼结膜、鼻、口腔、性器官黏膜充血潮红;流泪、流涕、流涎,呈黏脓状。口腔黏膜糜烂,形状不规则,边缘不整齐,故称地图样烂斑。牛瘟有急性腹泻、血便、出血性胃肠炎和胆囊肿大。以上症状均为口蹄疫所没有的。

【实验室检验】 采取病畜水疱液或病愈动物的血液,进行补体结合试验、血清中和试验、间接血凝试验、琼脂扩散试验等,均可确诊。

【卫生评价与处理】

(1)病畜和同群畜的处理 宰前检疫确诊为口蹄疫的病畜和同群畜,采取不放血的方法扑杀,并进行销毁处理。

(2)产品的处理 宰后检疫确诊为口蹄疫的,胴体、内脏及其他副产品全部进行销毁处理,同批产品及副产品同样进行销毁处理。

(3)防疫措施 第一,立即停止生产、封锁现场,向动物防疫监督机构报告疫情;第二,屠宰车间场地和设备、畜圈、厂(场)区进行彻底消毒,清除粪便,污物进行焚毁,金属器械和用具进行高温消毒;第三,做好疫情处理人员的卫生防护,一次性防护用品用后立即进行焚毁;第四,停产封锁期间按规定进行防疫消毒。

猪链球菌病

猪链球菌病是由数种不同的链球菌引起的不同临床类型传染病的总称。引起猪链球菌病的链球菌主要有猪链球菌、马链球菌兽疫亚种(旧称兽疫链球菌)和类猪链球菌等。近年来,由Ⅱ型猪链球菌所引起的猪败血性链球菌病常见流行。Ⅱ型猪链球菌可感染人并可致死,为人兽共患传染病。

猪链球菌病潜伏期一般为 1~3 天,长的可达 6 天以上。主要有败血型、脑膜炎型和关节炎型等 3 种类型。

【宰前鉴定】

(1)败血型　临床上分为最急性型、急性型和慢性型 3 种。

①最急性型　发病急、病程短,常无任何症状突然死亡。病畜饮食废绝,体温升高达 41℃~43℃,呼吸促迫,多在 24 小时内死于败血症。

②急性型　多突然发生,体温升高至 40℃~43℃,呈稽留热。呼吸促迫,鼻镜干燥,流浆液性或脓性鼻涕。结膜潮红,流泪。颈部、耳郭、腹下和四肢下端皮肤呈紫红色,并有出血点。

③慢性型　表现为多发性关节炎,一肢或多肢关节发炎。关节肿胀,跛行或瘫痪,最后因衰弱、麻痹致死。

(2)脑膜炎型　以脑膜炎为主,多见于哺乳仔猪和断奶仔猪。主要表现为神经症状,如磨牙、口吐白沫、转圈运动、抽搐、倒地四肢划动似游泳状,最后麻痹而死。

(3)关节炎型　以关节等处形成脓肿为特征。

【宰后鉴定】

(1)败血型　病猪全身各组织器官呈现败血症变化,全身淋巴结有不同程度的肿大、充血和出血;脾脏肿大 1~3 倍,呈暗红色,边缘有黑红色出血性梗死区;胃和小肠黏膜有不同程度的充血和出血;肾脏肿大、充血和出血;鼻黏膜呈紫红色,充血和出血,喉头、气管充血,常有大量泡沫;肺脏充血肿胀;脑膜充血和出血,有的脑切面可见针尖大的出血点。

(2)脑膜炎型　可见脑膜充血、出血甚至溢血,个别脑膜下积液,脑组织切面有点状出血,其他病变与败血型的相同。

(3)慢性病例　可见关节腔内有黄色胶样或纤维素性、脓性渗出物,淋巴结脓肿。有些病例心瓣膜上有菜花样赘生物。

【鉴别诊断】

(1)与猪瘟的鉴别　急性猪瘟耳根、颈部、胸腹下、四肢内侧皮肤有紫红色出血斑点或融合成红斑,指压不褪色;全身淋巴结肿大出血,切面周边出血显著,兼有贫血变化,呈红白相间的大理石状;脾脏不肿大,边缘有稍突出表面的出血性梗死。慢性猪瘟在回肠末端、盲肠(回盲口)可见局灶性灰黄色或灰褐色轮层状溃疡(即扣状肿)。

(2)与猪丹毒的鉴别　急性猪丹毒体表皮肤出现指压褪色的丹毒红斑;亚急性猪丹毒的特征是皮肤表面出现圆形或菱形疹块,病程长的疹块部分病变皮肤发生坏死脱落,留下灰色的瘢痕。

(3)与李氏杆菌病的鉴别　猪感染李氏杆菌多数为脑膜炎型,病猪先兴奋后抑制,共济失调,头颈后仰,寒战,阵发性痉挛。严重时倒地抽搐,口吐白沫,对外反应增强。

(4)与猪副伤寒的鉴别　猪副伤寒多发生在断奶前后的仔猪,排灰白色或黄绿色恶臭粪便;剖检盲肠、结肠,可见肠黏膜上覆有一层灰黄色腐乳状物,强行剥离则露出红色、边缘不整的溃疡面。

【实验室检验】　根据不同的病型采取不同的病料,进行涂片镜检和细菌分离培养鉴定。

【卫生评价与处理】

(1)病死猪的处理　链球菌病病死猪进行化制或销毁处理。

(2)患病猪的处理　宰前检疫确诊为链球菌病,病情较轻的病畜隔离治疗,痊愈后且符合休药期规定的可以屠宰;病情较重的扑杀,作化制或销毁处理。

（3）产品的处理　宰后检疫发现的病畜胴体、内脏，高温处理后出厂（场）。

钩端螺旋体病

钩端螺旋体病是由致病性钩端螺旋体引起的一种人兽共患的自然疫源性传染病。家畜主要发生于猪、牛、犬、马，羊次之。急性病例主要表现为短期发热、贫血、黄疸、出血性素质、血红蛋白尿、流产、黏膜和皮肤坏死等，但大多数呈隐性感染，少数出现明显的临床症状。本病一般呈地方性流行或散发，夏季和秋季多见，幼畜较成年畜易感而且病情严重。

【宰前鉴定】

（1）猪钩端螺旋体病　我国已从猪体内分离出 14 个菌型，主要是波摩那群，其次为犬热群。成年猪感染以后，大多数无明显的临床症状。架子猪或断奶仔猪感染以后，出现的临床症状比较明显。表现为不同程度的发热和结膜炎，食欲减退或废绝，精神委靡，可视黏膜黄染，头部水肿。怕冷畏寒，尿液呈黄色乃至褐色。疾病后期，可出现皮肤坏死。母猪妊娠后期可发生流产和死胎。

（2）牛钩端螺旋体病　一般为隐性感染，缺乏明显的临床症状。少数病例呈急性或亚急性经过，病初体温升高达40.5℃～41℃或以上，精神沉郁，食欲废绝，反刍停止，鼻镜干燥。泌乳量减少或停止泌乳，有的伴发流产。发病后 2～3 天，病牛可视黏膜黄染，同时出现血红蛋白尿，但体温开始下降。此外，常见口腔黏膜、耳郭、头部、乳房和外生殖器的皮肤发生坏死。

【宰后鉴定】

（1）猪钩端螺旋体病　根据其临床和剖检特点可分为黄疸型和非黄疸型。

①黄疸型　多呈急性或亚急性经过。剖检时,可视黏膜、眼巩膜呈浅黄色;皮下脂肪组织、浆膜呈淡黄色;胸腹腔和心包腔积有少量淡红色透明或浑浊的液体。肝脏体积轻度肿大,呈黄褐色、土黄色不等,切面在黄棕色的小叶内常隐约可见黄绿色小点。心外膜、心瓣膜和动脉内膜呈黄疸色。肾脏淤血、肿大,黄疸也很明显,其周围组织呈淡黄色。淋巴结也有充血、出血现象。

②非黄疸型　一般临床症状不明显。剖检时,最明显的病变集中表现于肾脏。肾被膜不易剥离,在皮质的表面散在多量直径为 0.1～1 厘米的略呈圆形的灰白色病灶;病程更长时,肾脏表现固缩而硬化,表面呈高低不平的颗粒状。

(2)牛钩端螺旋体病　呈急性或亚急性经过时,其宰后的病变主要表现为不同程度的败血症变化。可视黏膜、皮下组织和浆膜呈明显的黄疸色。皮下、肌间、腹膜和肾脏周围等处结缔组织发生弥漫性水肿。浆膜、黏膜和实质器官出血,胸腹腔内积有多量透明或稍浑浊的淡红色液体。实质器官呈现变性、坏死变化,尤以肝脏和肾脏最为明显。

【鉴别诊断】　应与血孢子虫病、产后血红蛋白尿、细菌性血红蛋白尿以及其他病原所致的黄疸、流产等相区别。

【实验室检验】　需要实验室检验确诊的,可取血液(后期采集尿液,宰后取病变组织)进行细菌学检查、补体结合试验、荧光抗体试验、凝集溶解试验、炭凝集试验、间接血凝试验和酶联免疫吸附试验等。

【卫生评价与处理】

(1)病畜的处理　宰前检疫确诊或疑似钩端螺旋体病的病畜,禁止屠宰,采取不放血的方法扑杀并进行销毁。

（2）产品的处理　宰后检疫确认为本病，屠畜胴体黄染，放置一昼夜黄色不消失的，胴体、内脏化制或销毁；黄染轻微（放置一昼夜黄色消失的）以及无黄染的，胴体、内脏高温处理后出厂（场），其肝脏废弃。

（3）加强防护　处理钩端螺旋体病病畜、产品以及被污染物和废弃物时，应加强个人防护，防止感染。

沙门氏菌病

沙门氏菌病是指沙门氏菌属细菌引起的人、畜、禽以及野生动物的不同形式疾病的总称。沙门氏菌属包括数百种细菌，其中有许多是能使动物和人发病的病原菌。在动物中，感染沙门氏菌可引起猪、牛等动物的副伤寒以及马流产和鸡白痢、禽伤寒、禽副伤寒等。

屠宰加工的动物生前感染沙门氏菌的，其胴体和内脏可带有不同数量的沙门氏菌，极易引起人的食物中毒。因此，在屠宰加工、肉品卫生管理中，加强对沙门氏菌的检验，是预防食物中毒的一项重要工作。

【宰前鉴定】　沙门氏菌病在成年牛、猪、鸡多表现为隐性感染，一般不表现症状，典型症状仅见于仔猪、犊牛和雏鸡。

（1）猪沙门氏菌病　又称猪副伤寒。病原体主要是猪霍乱沙门氏菌、猪伤寒沙门氏菌、鼠伤寒沙门氏菌和肠炎沙门氏菌。在临床上分为急性型、亚急性型和慢性型3种类型。

①急性型　又称败血型，多发生于断奶前后的仔猪，常突然死亡。病程稍长的，表现体温升高（41℃～42℃），腹痛，下痢，呼吸困难，耳根、胸前和腹下皮肤有紫斑。多数病程2～3天，死亡率高。

②亚急性型和慢性型　为常见病型,多表现结肠炎症状,病猪体温升高,眼结膜发炎,有脓性分泌物。食欲减退,消瘦,贫血,先便秘后腹泻,排灰白色或黄绿色恶臭粪便。病程可持续数周,最后病猪多数死亡,即使耐过后也成为僵猪。

(2)牛沙门氏菌病　病原为肠炎沙门氏菌、都柏林沙门氏菌和鼠伤寒沙门氏菌。牛沙门氏菌病的主要症状是下痢。成年牛常呈散发,多为慢性感染或带菌者,妊娠母牛可致流产;犊牛感染后称牛副伤寒,往往呈流行性发生,出现急性胃肠炎、关节炎与肺炎症状。

(3)羊沙门氏菌病　主要由鼠伤寒沙门氏菌、羊流产沙门氏菌和都柏林沙门氏菌引起。主要侵害羔羊和妊娠羊,分别表现为下痢和流产。

(4)禽沙门氏菌病　分为鸡白痢、禽伤寒和禽副伤寒3种。

①鸡白痢　由鸡白痢沙门氏菌引起。病禽精神委靡,食欲减退,羽毛松乱,颜面苍白,两翅下垂,腹泻,粪便呈黄色、黄白色或绿色,有的似蛋清,泄殖腔周围粘满粪便。火鸡、珍珠鸡、鸭、鸽、鹌鹑等易感染本病。

②禽伤寒　是鸡沙门氏菌引起禽的一种败血性传染病,以发热、贫血、下痢为特征。病禽精神沉郁,离群独居,食欲减退,极度口渴,腹泻排绿色或黄绿色稀便。

③禽副伤寒　是由鼠伤寒沙门氏菌引起。急性多见于幼禽,主要表现为精神沉郁,食欲减退,口渴多饮,水样腹泻,有时见痉挛性癫痫,病鸭常突然跌倒死亡。慢性主要表现为消瘦和血痢、眼结膜炎和鼻炎、关节肿大跛行。

【宰后鉴定】

(1)猪沙门氏菌病　急性型主要呈败血症变化。耳、后躯和腹下部皮肤有紫斑;脾脏肿大,呈暗紫色;全身淋巴结,特别是咽和肠系膜淋巴结充血、肿胀；全身浆膜、黏膜发生点状出血；胃肠道有卡他性炎症，最特征性的病变为盲肠和大结肠黏膜呈局灶性或弥漫性纤维素性坏死性炎症；脾脏肿大、质地硬实；肺脏有点状出血或浆液性纤维素性肺炎；肝脏淤血、变性，表面和切面散在针尖大到小米粒大、灰黄色或灰白色的病灶。

(2)牛沙门氏菌病　成年牛主要为急性胃肠炎，可见胃肠浆膜、黏膜有点状出血，大肠黏膜脱落，有局限性坏死灶；脾脏高度肿大且柔软，常达正常的2～3倍，透过被膜可以看到出血斑点和粟粒大的坏死灶或结节，切面结构模糊，失去固有的纹理；肠系膜淋巴结肿大，呈灰红色或灰白色，切面湿润，有时散布点状出血。

(3)禽沙门氏菌病

①鸡白痢　肝脏肿大充血或有条纹状出血，肝脏、肺脏、心肌、肌胃和盲肠有坏死灶或坏死结节，心肌上结节增大可致心脏变形。病程稍长的，可见卵黄吸收不全，呈油脂状或淡黄色豆腐渣样。慢性病例，母鸡常见病变是卵黄囊变形、变色；成年公鸡表现为睾丸发炎，萎缩变硬，有散在小脓肿。

②禽伤寒　急性病例常无明显病变，病程稍长的可见肝脏、脾脏、肾脏充血肿大，脾脏可肿大2～3倍。亚急性和慢性病例，以肝脏肿大呈绿褐色或青铜色为特征。此外，肝脏和心肌有粟粒状坏死灶。母鸡可见卵巢、卵泡充血、出血、变形和变色，并常因卵子破裂而引起腹膜炎。

③禽副伤寒　肝脏极度肿大、淤血，并有针尖大小的坏死灶和条纹状出血。胆囊肿大，充满胆汁与黏液的混合物。心包粘连或有炎症，有时心肌有结节状病灶。

【实验室检验】　可用病料直接涂片镜检或用分价血清因子分型鉴定，或取病变组织接种进行分离鉴定。

【卫生评价与处理】

(1)病畜(禽)的处理 宰前检疫确诊为沙门氏菌病的病畜(禽)应急宰,可食用部分高温处理后出厂(场),其余进行销毁处理。

(2)产品的处理 病变仅限于内脏的,内脏进行化制或销毁处理,胴体高温处理后出厂(场);出现胸膜腔出血,或有胸膜炎,或肌肉有显著病变的,胴体、内脏进行化制或销毁处理。

李氏杆菌病

李氏杆菌病是由单核细胞李氏杆菌引起的一种散发性人兽共患传染病。本病的易感动物非常广泛,人、家畜、家禽和野生动物均可自然感染。家畜和人患病后主要表现为脑膜炎、败血症和流产;家禽则表现为坏死性肝炎和心肌炎。

人接触病畜或其产品,或食用带菌肉、奶即可感染,兽医和从事相关职业的人员易患皮肤型李氏杆菌病,机体抵抗力降低时可引起全身感染。

【宰前鉴定】 临床以发热、神经症状、妊娠母畜流产以及幼龄动物、啮齿动物和家禽呈败血症症状为特征。

(1)猪 病初体温一般正常,后期降至常温以下。运动失常,无目的行走或后退,或作圆圈运动,或头抵地不动,或头颈后仰,前后肢张开呈观星姿势。肌肉震颤、僵硬、阵发性痉挛,侧卧,四肢划动呈游泳状。有的后肢麻痹,拖地行走。仔猪多呈败血症症状。

(2)反刍动物 病初发热,羊体温升高 1℃～2℃,牛轻微发热,舌麻痹,采食、咀嚼、吞咽困难。头颈一侧性麻痹,沿头扭转方向作圆圈运动,遇障碍物以头抵靠不动。角弓反张,昏迷致死。妊娠母畜流产,幼畜常发生急性败血症而很快死亡。

水牛感染病死率比其他牛高。

（3）家禽　呈现败血症症状，精神沉郁，停食，下痢，短时间内死亡。病期较长的可有神经症状，主要表现痉挛、斜颈。

【宰后鉴定】　剖检通常缺乏特殊的肉眼病变。有神经症状的病例，可见脑膜和脑充血、炎症或水肿的变化，脑脊液增加、稍浑浊，脑干变软，有细小脓灶，血管周围单核细胞浸润；表现败血症的病例，剖检时见有败血症变化，脾脏肿大，肌胃有淤斑，心肌和肝脏有坏死灶或广泛坏死，流产母畜子宫内膜、胎盘充血和广泛坏死。

【鉴别诊断】　猪应注意与中毒病、伪狂犬病和传染性脑脊髓炎相区别；牛应注意与散发性脑脊髓炎、衣原体感染和传染性鼻气管炎病毒所致的脑炎、多头蚴病相区别；羊应注意与多头蚴病、慢性型羔羊痢疾、软肾病、狂犬病、酮病和瘤胃酸中毒相区别。

【实验室检验】

（1）病原检查　可直接涂片镜检，也可接种于葡萄糖琼脂平板或亚碲酸钠胰蛋白胨琼脂进行分离培养鉴定。

（2）血清学检查　用李氏杆菌Ⅰ、Ⅱ、Ⅲ 3 种抗原进行凝集反应。

【卫生评价与处理】

（1）病畜（禽）的处理　宰前检疫确认为李氏杆菌病的病畜（禽）禁止屠宰，无血扑杀并进行销毁处理，同群动物急宰高温处理后出厂（场）。

（2）染疫产品的处理　宰后检疫发现李氏杆菌病时，患畜（禽）胴体、内脏及其他副产品作销毁处理。

巴氏杆菌病

巴氏杆菌病是一类由多杀性巴氏杆菌引起的家畜、家禽和野生动物传染病的总称。急性病例以出血和败血症为主要特征,故称为出血性败血症,简称"出败";亚急性型以黏膜等部位的出血性炎症为特征;慢性型主要特征为萎缩性鼻炎(猪、羊)、关节炎和各脏器的局灶性化脓性炎症等。

巴氏杆菌广泛存在于自然界和健畜体内,因此本病的发生有外源性感染,也有自体感染。外源性感染多是受强毒菌株的侵袭,病菌通过饲料或饮水经消化道进入体内,也可随飞沫进入肺脏内,这是健康畜群发病的主要方式。另外,巴氏杆菌常作为一种条件性病原菌,寄生于动物的上呼吸道黏膜,当机体抵抗力强大时它无致病力,一旦家畜抵抗力降低,病菌就乘机大量繁殖,毒力增强,侵入血液而造成自体感染。后一种形式常呈零散性发生,前者可造成地方流行。

【宰前鉴定】

(1)猪巴氏杆菌病 又称猪肺疫,常呈散发性或地方流行性,按病程可分为最急性型、急性型和慢性型3种类型。

①最急性型 也称锁喉风,呈败血症症状,常突然死亡。发展稍慢的,表现体温突然升高至41℃以上,心搏动急速,食欲废绝,黏膜呈蓝紫色。耳根、颈部和下腹部等处皮肤变成蓝紫色,有时出现出血斑点,同时咽喉部肿胀,有热痛,病猪呼吸高度困难,口、鼻流出泡沫,有时混有血液,呈犬坐姿势,常因窒息而死。

②急性型 主要呈现纤维素性胸膜肺炎症状。病初体温升高,一般在40℃～41℃之间,发生短而干的痉挛性咳嗽,有鼻液和脓性结膜炎。初便秘,后腹泻。病末期皮肤有紫斑或

小出血点，一般颈部不呈现红肿。

③慢性型　主要表现为慢性肺炎或慢性胃肠炎症状，有持续性的咳嗽与呼吸困难，呈渐进性消瘦，精神不振，食欲减退，步行摇晃，有时伴发化脓性关节炎，皮肤发生湿疹。

(2)牛巴氏杆菌病　又名牛出血性败血病，常以高温、纤维素性胸膜肺炎、急性出血性或卡他性肠炎以及浆膜、黏膜出血为特征。在临床上可分为败血型、水肿型和肺炎型 3 种类型。

①败血型　病初精神沉郁，体温升高达 41℃～42℃，肌肉震颤，呼吸、脉搏加快，食欲废绝，反刍停止，结膜潮红、流泪，鼻镜干燥，流浆液性或黏液脓性鼻液，腹泻粪便中带血或黏液。

②水肿型　除全身症状外，其主要症状是咽喉部周围、颈部以至胸前部的皮下组织出现迅速扩展的炎性水肿，肛门周围、外阴部或四肢也可发生，患牛呈现呼吸和吞咽困难、时发呻吟、口吐白沫、烦躁不安、黏膜发绀等症状。

③肺炎型　主要呈现纤维素性胸膜肺炎症状，有痛苦咳嗽，呼吸困难，流黏液脓性鼻液，胸部叩诊有实音区和痛感，听诊有啰音和摩擦音。

(3)禽巴氏杆菌病　又名禽霍乱，按病程长短可分为最急性型、急性型和慢性型 3 种类型。

①最急性型　病禽突然发病死亡，或于死前不久体温升高，鸡冠呈蓝紫色，精神沉郁，拍肢抽搐，很快死亡。

②急性型　最为多见，体温高达 42℃～43.5℃，病禽精神委顿、拱背缩头、呆立不动，羽毛松乱，呼吸困难，鸡冠、肉髯呈蓝紫色。从口、鼻流出淡黄色带泡沫的黏液。常发生剧烈下痢，粪便呈灰黄色或铜绿色，有时混有血液。食欲废绝，但

有渴感。病鸭有怕水表现,呼吸困难,常张口呼吸,并常摇头,故有摇头瘟之称,病程1～3天。

③慢性型 病初呈现鼻炎症状,咽喉部附有纤维素性薄膜,咳嗽。有的病禽足关节肿胀、疼痛,发生跛行。有时鼻窦肿大,鼻汁有臭味。病鸡鸡冠和肉髯肿胀、苍白,日益消瘦,精神不振。往往经数周死亡,或长时期的带菌,在预防上应特别注意。

【宰后鉴定】

(1)猪巴氏杆菌病

①最急性型 突出的病理变化是咽喉部及其周围组织发生急性出血性浆液性炎症。病畜下颌部严重肿胀,切开后流出大量淡黄红色略透明的水肿液,局部组织有淡黄色胶样浸润。咽部黏膜充血、肿胀,声门狭窄。全身淋巴结也发生不同程度的浆液性出血性炎症,以颌下和咽背淋巴结最为严重。心内外膜有出血斑点,肺脏充血、水肿。胃肠黏膜有出血性炎症,脾脏不肿大。

②急性型 肺脏表现肝变、水肿、出血等病变特征,主要位于尖叶、心叶和膈叶前缘。病程稍长的,肝变区内有坏死灶,肺小叶间浆液性浸润,肺脏切面呈大理石状,肺脏肝变部表面有纤维素性絮片,并常与胸膜粘连。胸腔和心包积液。胸部淋巴结肿大,切面发红多汁。支气管、气管内有多量泡沫样黏液,气管黏膜有炎症变化。

③慢性型 肺脏有较大的坏死灶,有结缔组织包囊,内含干酪样物质,有的形成空洞。心包和胸腔内液体增多,胸膜增厚、粗糙,上有纤维素性絮片与病肺粘连。无全身败血症病变。

(2)牛巴氏杆菌病

①败血型 全身浆膜、黏膜、皮下组织、舌、肺脏以及肌间等处均散布有点状出血。脾脏无变化或有小的出血点。实质

器官变性。全身淋巴结充血、水肿。胸腹腔和心包腔积有多量混有纤维素的渗出物。

②水肿型 主要表现为下颌、咽喉、颈部、胸前等处皮下呈明显的炎性水肿。病变部组织肿胀、指压留痕。舌肿大伸出口外。切开水肿部位可见有多量淡黄色微浑浊的液体流出。颌下、咽背、颈部和纵隔淋巴结发生浆液性炎症。全身浆膜、黏膜发生点状出血。消化道或呼吸道黏膜呈卡他性或出血性炎症。

③肺炎型 除败血症的病变外,主要表现为纤维素性胸膜肺炎。剖检可见胸腔蓄积多量浆液性纤维素性渗出物,肺脏和胸膜散布小出血点,并被覆有薄层纤维素性假膜。肺组织发生程度不同的肝变、坏死以及小叶间质增宽,使其切面呈现暗红色、灰红色、灰黄色和污灰色混杂的大理石样外观。此外,还常发生胸膜和心包粘连。

(3)禽巴氏杆菌病

①最急性型 常无特征性病变。

②急性型 以败血症为主要变化,皮下、腹腔浆膜和脂肪有小出血点。肝脏肿大,表面布满针尖大小的黄色或灰白色坏死灶。肠管发生出血性炎症,以十二指肠尤为严重。产蛋鸡卵泡充血、出血、变形,呈半煮熟状。

③慢性型 可见鸡冠和肉髯淤血、水肿、质地变硬。有多发性关节炎,有的关节肿大、变形,有炎性渗出物和干酪样坏死。常见关节面粗糙,关节囊增厚,内含红色或灰白色浑浊黏稠液体。

【鉴别诊断】 猪巴氏杆菌病应注意与猪瘟、猪炭疽相区别;牛巴氏杆菌病应注意与炭疽、恶性水肿相区别;禽巴氏杆菌病应注意与鸡新城疫、鸭瘟相区别。

【实验室检验】 采取病料直接涂片镜检,或用血清进行免疫学检验。

【卫生评价与处理】

(1)病畜(禽)的处理 宰前检疫发现的病畜(禽)应急宰,胴体和内脏无病变的,高温处理后出厂(场),病变组织废弃作销毁处理。

(2)染疫产品的处理 宰后检疫检出本病的,胴体和内脏无病变的,高温处理后出厂(场),病变组织废弃作销毁处理。

恶性水肿

恶性水肿是由多种腐败梭菌经创伤感染引起的急性传染病,其主要特征是创伤及其周围发生气性炎性水肿,急剧地向周围蔓延,并伴有全身性毒血症的症状。在肉用动物中,马和绵羊最易感,猪次之,牛和山羊易感性不高。病原菌经创伤可引起鸡的气性水肿和人的气性坏疽。

【宰前鉴定】 在感染创伤的周围,有时远离创伤,尤其是富有疏松结缔组织处,出现弥漫性气性肿胀,肿胀迅速向周围蔓延。肿胀初期坚实,有热有痛,后变为无热无痛,触之有捻发音。随着局部气性炎性水肿的急性发展,全身症状也趋于恶化,体温升高至 41℃～42℃,精神沉郁,食欲废绝,呼吸困难,心脏衰弱,有时腹泻,粪便恶臭。

【宰后鉴定】 水肿部皮下和肌间结缔组织常有大小不等的出血点,有红黄色乃至暗红色液体浸润,含有气泡,具酸臭味。病变部肌肉松软呈煮肉样,容易撕裂。局部淋巴结肿大,实质器官变性,肺脏充血水肿,心肌浊肿,心包腔积液。肝浊肿并含有气泡。

【鉴别诊断】 牛发生本病时,易与气肿疽相混淆。恶性水肿主要由深部创伤或产后感染引起,呈散发性,病变位于伤口部位或后躯肌肉,骨盆部疏松结缔组织气性水肿很明显,且肌肉较少表现变化;气肿疽则常呈地方性流行,且多发生于数月龄至 4 岁的牛,在肌肉丰满部位发生出血性坏死性肌炎。

【实验室检验】 取病灶水肿液或肝脏,作触片或涂片,染色后镜检,如发现微弯曲长丝状的腐败梭菌,即可与气疽相区别。

【卫生评价与处理】

(1)病畜处理 宰前发现恶性水肿病畜,禁止屠宰,扑杀后作销毁处理。

(2)染疫产品处理 全部胴体、内脏、毛皮、血液即行销毁。

(3)被污染产品处理 被污染的胴体、内脏作高温处理后出厂(场)。

狂 犬 病

狂犬病是由狂犬病病毒引起的一种所有温血动物共患的高度致死性自然疫源性传染病,俗称"疯狗病"。犬、猪、牛、羊、骆驼等家畜均可感染,病毒主要侵害中枢神经系统,病畜临床特征主要为狂躁不安和意识障碍,最后麻痹而死。人主要通过患病动物或携带病毒动物咬伤感染,也有宰杀被狂犬咬伤的动物而感染的报道。病人常见恐水表现,俗称"恐水症"。

【宰前鉴定】 主要依据宰前的特殊症状诊断。

(1)犬的狂犬病 一般可分为狂躁型和麻痹型 2 种临床类型。

①狂躁型　发病初期(1～2 天)病犬精神沉郁,常卧在黑暗处,稍有声响便惊慌不安,咬伤处发痒,大量流涎。然后转入狂躁(3～4 天),病犬盲目奔跑,攻击人、畜,大声狂叫,声音嘶哑,眼睛发红,下颌下垂,大量流涎,欲吃不能。最后进入麻痹期,病犬迟钝,消瘦,张口垂舌,肢体麻痹,终因呼吸和心肌麻痹而死。

②麻痹型　以麻痹症状为主,先是头部肌肉麻痹,吞咽困难,随后四肢麻痹,进而全身麻痹而死亡。

(2)猪的狂犬病　表现为狂躁型。病猪兴奋不安,无目的乱跑,横冲直撞,攻击人、畜。咬伤处发痒,叫声嘶哑,咬牙,大量流涎。安静时,常隐藏于垫草中,轻微响声即能刺激其窜跳。最后发生麻痹而死亡。

(3)牛和羊的狂犬病　病初病畜主要表现精神沉郁,不久有阵发性兴奋和冲击动作,一般少有攻击行为,兴奋之后往往有短暂停歇,然后再次发作,并逐渐出现麻痹症状。

(4)马和驴的狂犬病　病初常见咬伤局部奇痒,以至摩擦出血,有阵发性兴奋冲击动作,最后因麻痹衰竭而死亡。

【宰后鉴定】　无特殊变化。胴体消瘦,有咬伤或裂伤;口腔和咽喉黏膜充血或糜烂;胃内空虚或有木片、石头、破布、鬃毛等异物,胃肠黏膜充血和出血。脑膜肿胀、充血和出血。

【实验室检验】　确诊本病必须取脑组织进行病毒分离培养或动物接种、荧光抗体试验、酶联免疫吸附试验等方法检测病毒;制作病理组织切片,检查脑神经细胞是否出现特征性的内基氏小体。狂犬病病毒感染性极强,因此检验应在 P3 实验室进行。

【卫生评价与处理】

(1)病畜处理　宰前检验发现狂犬病病畜,禁止屠宰,必须用不放血的方法扑杀后作销毁处理。

（2）同群畜处理　同群畜应急宰，胴体、内脏作高温处理后出厂（场）。

伪狂犬病

伪狂犬病是由伪狂犬病病毒引起的各种家畜和野生动物的一种急性传染病。成年猪多呈隐性感染或有呼吸道症状，仔猪有神经症状；牛、羊、马、犬等动物以发热、躯体奇痒、脑脊髓炎为特征；人可偶尔感染。

【宰前鉴定】　主要根据特征性临床症状诊断。

（1）猪　成年猪多呈隐性感染，偶有呼吸道症状。仔猪常突然发病，高热，有时呕吐、腹泻，继而肌肉痉挛，流涎，兴奋不安，运动失调；最后四肢麻痹，倒地，昏迷死亡。

（2）牛和羊　主要症状为奇痒，摩擦患部，出现脱毛、渗出、出血和皮肤增厚。同时，病畜狂躁不安、磨牙、衰弱、痉挛，最后因麻痹而死。

（3）犬　病初局部奇痒，频繁发抖，大声尖叫，来回奔跑，呼吸困难，啃咬各种物品，但很少攻击人、畜。病末期由于咽喉麻痹而大量流涎。通常在 1～2 天内死亡。

【宰后鉴定】　宰前神经症状明显者，宰后可见脑膜充血、水肿、有出血点，体表有擦伤，皮下胶样浸润。猪呼吸道有水肿、出血或坏死，肺部水肿，胃肠道有卡他性或出血性炎症。犬的唇部或皮肤有损伤，皮下水肿，胃黏膜充血、出血；其他实质器官可能有变性、充血、肿大等变化；脑膜明显充血，脑脊髓水肿。

【实验室检验】

（1）血清学检验　取血样进行中和试验、乳胶凝集试验、琼脂扩散试验、酶联免疫吸附试验或荧光抗体试验等。

(2)病毒分离与接种试验　可取病料进行病原分离鉴定或动物接种试验。

【卫生评价与处理】

(1)病畜处理　经宰前检验发现病畜,应尽早急宰。剔除病变部分,胴体、内脏高温处理后出厂(场)。

(2)染疫产品处理　宰后检验确认或可疑为伪狂犬病的,剔除病变部分,胴体和内脏高温处理后出厂(场)。病变严重者,胴体和内脏作工业用或销毁。

痘　病

痘病是由痘病毒科的痘病毒引起的各种畜禽和人的急性、接触性传染病。其传染性强,发病率高,以绵羊痘、猪痘、鸡痘较为常见,山羊痘、马痘、牛痘很少发生。哺乳动物痘病特征是在皮肤和黏膜发生痘疹,初为丘疹,以后变为水疱,最后变成脓疱,脓疱干涸成痂,随痂皮脱落而痊愈;禽痘则在皮肤上产生增生性和肿瘤样病变。

【宰前鉴定】

(1)猪痘　主要发生于4～6周龄的仔猪,成年猪有抵抗力。痘疹主要分布于鼻、吻、眼睑、四肢内侧、腹部、背部和体侧的皮肤。典型的痘疹呈圆形半球状突出于皮肤表面,直径可达1～3厘米。痘疹坚硬,表面平整,呈乳白色,周围有红晕,以后发生坏死,中央干燥呈黄褐色,稍下陷,最后形成污秽的痂皮。痂皮脱落后,可遗留白色瘢痕。在猪痘的经过中,不形成水疱和脓疱。

(2)绵羊痘　是动物痘症中最严重的一种,所有品种、性别和年龄的绵羊均可感染。病初体温升高至41℃～42℃,可视黏膜、结膜充血,呈卡他性炎症,眼、鼻流出黏液性或脓性鼻液,继而在无毛或少毛部位相继出现圆形红斑、丘疹和脓疱。重症时,皮肤和黏膜可出现多发性痘疹,往往彼此融合,形成大痘疹。在黏膜则较易形成糜烂与溃疡,可因继发感染而导致败血症或脓毒败血症死亡。

(3)鸡痘 主要发生于鸡和火鸡,有时也发生于鸽。病变主要发生于鸡冠、肉髯、眼皮和口角等皮肤少毛部,形成瘤样结节性的鸡痘病变,鸡痘结节少则几个,多则密布于头部和所有无毛部位,一般3~4周后逐渐干涸脱落而痊愈。有时在鸡的胸、腹下和翅下等部位也可发生相同的痘疹;有的在口腔、咽喉黏膜形成纤维素性坏死性假膜,很像人的白喉,故又称鸡白喉。

【宰后鉴定】

(1)猪痘 在口腔、咽喉、气管和支气管以及胃黏膜均可见到痘疹,并常伴发胃肠炎、肺炎,最后往往因败血症而死亡。

(2)绵羊痘 喉头、气管黏膜可见到大小不一、灰白色、近似圆形的痘疹,可形成糜烂。瘤胃黏膜可见有豌豆大小、圆形坚实的痘疹结节和痘疹性溃疡。在皱胃黏膜和十二指肠起始部黏膜可同样见有半球形、豌豆大的痘疹结节。约80%的病例肺脏发生痘疹变化。肝脏被膜下散在灰白色病灶。肾脏皮质部存有灰白色条纹状病灶。

(3)鸡痘 体腔积有浆液性渗出液,浆膜与心外膜出血。胃肠黏膜糜烂与溃疡,上覆白喉型假膜并伴发出血性卡他性炎症。肝脏实质变性并散布小坏死灶,肾脏实质变性等变化。

【鉴别诊断】

(1)猪痘与口蹄疫、猪水疱病的鉴别 猪痘不发生于四肢下部,很少见于唇和口腔黏膜,而主要发生于腹下面和腿内侧等部的皮肤,可与口蹄疫、猪水疱病相区别。

（2）绵羊痘与疥疮、羊口疮的鉴别 疥疮病变主要见于多毛的皮肤,无典型痘疹、高温以及可视黏膜和眼结膜的卡他性炎症;羊口疮(传染性脓疱皮炎)病变通常局限于唇部、口腔黏膜和鼻镜,可使整个嘴唇肿大外翻,但不波及体躯皮肤。

【卫生评价与处理】 病畜、同群畜、畜产品的处理和防疫措施同口蹄疫的处理;病禽、同群禽、禽产品的处理和防疫措施同鸡新城疫的处理。

破 伤 风

破伤风又名强直症、锁口风,是由破伤风梭菌经创伤感染,在缺氧条件下繁殖产生外毒素而引起的一种急性中毒性人兽共患传染病。其主要特征为肌肉痉挛,对外界刺激的反射兴奋性增强。各种家畜均易感,其中以马属动物易感性最强,其次是猪、牛和羊,偶见于犬。人对破伤风梭菌也有较高的易感性。

【宰前鉴定】 动物发生破伤风时具有特征性临床症状,在宰前易于诊断。

（1）猪 表现牙关紧闭,流涎,叫声尖细,瞬膜外露,两耳竖立,头向后仰,腰背拱起,四肢强直,全身肌肉痉挛,常难站立,呼吸困难,病死率高。

（2）牛 常见牙关紧闭,吞咽困难,口角流涎,两眼发呆,瞬膜外露,呼吸促迫。全身肌肉强直,表现头颈伸直,腹部紧缩,耳立尾直,背稍拱起,四肢僵硬。全身发抖,瘤胃蠕动停止,常有胀气。但应激性增高不明显,病死率低。

（3）羊 病初症状不明显,通常只见不能自主卧下或起立。病的中、后期出现四肢强硬,牙关紧闭,流涎,瘤胃臌胀,角弓反张,应激性增高等,并常因急性肠炎而引起腹泻,病死率甚高。

(4)单蹄动物　发病后表现头颈伸直,口紧垂涎,咀嚼不灵,吞咽困难。重则可见牙关紧闭,瞬膜外露,呼吸困难,鼻孔张大,耳直尾举,四肢和背腰僵硬,行走困难,形如木马。病畜神志清楚,但应激性高,轻微刺激即可使其惊恐不安、痉挛和大汗淋漓。体温一般正常,死前体温可升至 42℃ 以上。末期可有心律失常、心搏亢进、黏膜发绀、呼吸浅表、气喘或喘鸣等,最后常窒息而死。

【宰后鉴定】　宰后检验通常无特征性病变,有时可见肺脏充血水肿,骨骼肌和心肌变性或坏死,躯干和四肢的肌间结缔组织有浆液性浸润和小点出血。

【卫生评价与处理】

(1)病畜的处理　宰前确诊为破伤风的病畜,应作急宰处理。

(2)产品的处理　第一,肌肉多处有病变且暗淡无色或具恶臭味时,胴体和内脏全部作工业用或销毁;第二,局部肌肉有病变,将病变部分割除作工业用或销毁,其余部分和内脏高温处理后出厂(场);第三,肌肉无病变时,将伤口割除,其余部分和内脏高温处理后出厂(场)。

牛海绵状脑病

牛海绵状脑病俗称"疯牛病",是由一种无核酸的蛋白性侵染颗粒(简称朊病毒或朊粒)引起牛的一种神经性、渐进性、致死性疾病。其临床特征是潜伏期长(平均为 4～5 年),机体感染后不发热、不产生炎症、无特异性免疫应答,病牛表现共济失调,颤抖,狂躁或有攻击性,最终死亡。

有人认为,人类的新型克-雅氏病可能与食用患疯牛病的牛肉有关。人患克-雅氏病后表现视力模糊,言语不清,痴呆,肌肉痉挛,坐立不安,行走困难,严重时疯狂、尖叫、浑身颤抖、吞咽困难,最后死亡。因此,世界各国对本病普遍重视,均开展了疯牛病普查和监测,加强预防管理,以防疯牛病传播和蔓延。

【宰前鉴定】 病牛临床表现为精神异常、运动障碍和感觉障碍。

(1)精神异常 主要表现为不安、恐惧、狂暴等,当有人靠近或追逼时往往出现攻击性行为。

(2)运动障碍 主要表现为共济失调、颤抖或倒下。病牛步态呈鹅步,四肢伸展过度,有时倒地难以站立。

(3)感觉障碍 最常见的是对触摸、声音和光过度敏感,这是很重要的临床诊断特征。用手触摸或用钝器压牛的颈部和肋部,病牛会异常紧张颤抖,用扫帚轻碰后蹄,也会出现紧张的踢腿反应;病牛听到敲击金属器械的声音,会出现震惊和颤抖反应;在黑暗环境中,对突然打开的灯光,出现惊吓和颤抖反应。

【宰后鉴定】 病牛宰后无明显剖检病变,大多数病例以脑组织呈海绵状空泡变性为特征。

【鉴别诊断】

(1)与有机磷农药中毒的鉴别 有机磷农药中毒有明显的中毒史,发病突然,病程短。

(2)与低镁血症、神经性酮病的鉴别 低镁血症、神经性酮病可通过血液生化检查和治疗性诊断确诊。

(3)与李氏杆菌感染所致脑病的鉴别 李氏杆菌感染引起的脑病病程短,有季节性(冬季多发),脑组织有大量单核细胞浸润。

(4)与狂犬病的鉴别 狂犬病有狂犬咬伤史,病程短,脑组织有内基氏小体。

(5)与伪狂犬病的鉴别　伪狂犬病通过抗体检查即可确诊。

(6)与其他脑病的鉴别　脑灰质软化或脑皮质坏死、脑内肿瘤、脑内寄生虫病等,可通过脑部剖检即可区别。

【实验室检验】

(1)病理组织学检查　牛海绵状脑病其脑部典型的病理组织学变化是神经变性,在诊断上具有重要意义。第一,脑干区神经元和神经纤维发生双侧对称性空泡变性,灰质区神经纤维网呈特征性海绵样病变,特别是延髓孤束核和三叉神经脊束的空泡变化对确诊本病具有示病性意义。第二,脑神经元发生空泡变性,常伴发星状细胞肥大、空泡变性,最严重的病变部位在延脑、中脑灰质区和下丘脑。第三,电镜观察可见大量特征性痒病相关纤维(SAF)和淀粉样沉积物(PrPsc)。

(2)动物实验　采取脑样感染小鼠,2～3个月后小鼠出现海绵状脑病的特有症状。

(3)快速检测方法　目前欧盟使用的快速检测方法很多,有德国 BIORAD 公司的检测试剂盒、瑞士的 PRIONICS 检测试剂盒、爱尔兰的 ENFER 检测试剂盒等。

【卫生评价与处理】　发现牛海绵状脑病病牛时,病畜、同群畜以及产品的处理方法和防疫措施同口蹄疫的处理。

莱 姆 病

莱姆病是由伯氏疏螺旋体引起的一种蜱媒人兽共患病。本病以硬蜱为传播媒介,能感染牛、羊、犬、马等多种动物,引起关节炎,有的出现脑炎、心肌炎或其他疾病。人感染后出现游走性红斑,随后发生脑炎、脑膜炎、多发性神经炎、关节炎和心功能损伤等。

【宰前鉴定】 病畜发热,四肢关节肿胀疼痛,神经系统、心血管系统和肾脏功能损害。

(1)牛 病牛体温升高,沉郁,消瘦,无力,腹泻,关节肿胀、疼痛,跛行。有时出现心肌炎、肾炎和肺炎等症状。

(2)马 低热,沉郁,嗜眠,消瘦,被蜱叮咬部位高度敏感、脱毛。四肢关节肿胀、疼痛,跛行,或四肢僵硬,不愿走动。有时出现脑炎症状,大量出汗,头颈歪斜,尾巴弛缓、麻痹,吞咽困难,常无目标地运动。

(3)犬 发热,食欲不振,嗜眠;关节肿胀,跛行或四肢僵硬,手压关节患部有柔软感,运动时疼痛;局部淋巴结肿胀。有时出现神经症状或眼部疾患,伴发肾炎或心肌炎。

【宰后鉴定】 病理变化主要是心脏和肾脏表面有苍白色斑点;腕部关节囊肿大、增厚,内有淡红色黏液;淋巴结肿大;有时胸、腹腔内有积液和纤维蛋白渗出物。

【实验室检验】

(1)染色镜检 从病变部取样,用暗视野显微镜直接镜检或作姬姆萨染色镜检即可观察到螺旋体。

(2)血清学检验 取血清用荧光抗体试验、酶联免疫吸附试验等检测抗体。

(3)分子生物学检测 用聚合酶链反应、DNA 杂交等分子生物学方法检测更为准确、快速。

【卫生评价与处理】

(1)病畜的处理 宰前确诊的病畜,进行急宰处理,胴体、内脏高温处理后出厂(场)。

(2)产品的处理 病变严重或胴体消瘦者,将胴体和内脏销毁;病变轻微而局限者,销毁病变部,胴体和内脏高温处理后出厂(场)。

二、猪常见传染病的检疫

猪 丹 毒

猪丹毒是由红斑丹毒丝菌引起的一种急性、热性人兽共患传染病。猪是主要易感动物，表现为急性败血型和亚急性疹块型，慢性型则表现关节炎或心内膜炎症状，其他家畜、家禽和一些鸟类也能感染。

红斑丹毒丝菌是革兰氏阳性菌，不形成芽孢和荚膜。在自然界中广泛分布，病猪、带菌猪和被污染的土壤、水源以及野生动物和昆虫等是传播媒介。屠宰厂、肉品加工厂的废料、废水也可成为传染源。人感染时，皮肤上出现局部红肿，称为类丹毒。

【宰前鉴定】

(1)急性败血型　多数病猪表现体温升高达42℃以上，常见寒颤，食欲废绝，眼结膜发炎、潮红，部分病畜行走时步态强拘或跛行，站立时背腰拱起。病猪大便干硬，后期可能发生腹泻，甚至便血。发病1～2天后，皮肤上出现红斑，其大小和形状不一，耳、腹和腿内侧较多见，指压褪色。病程2～4天，死亡率达80%～90%。

(2)亚急性疹块型　其特征性症状是在病猪颈、肩、胸、腹、背和四肢等处皮肤出现大小不等的疹块。疹块比周围正常皮肤略隆起，有明显的界限，多呈方形、菱形、圆形或不规则形。疹块的色泽最初为苍白色，以后转变为鲜红色或紫色，或边缘呈红色而中心苍白，触摸时比正常皮肤硬。疹块发生后，在临床上即见体温下降，病势减轻。病势轻的病猪，疹块可逐渐消退而自愈；病势较重或长期不愈，则发生干性坏疽，并腐离脱落,遗留凹陷,底面为新生肉芽组织。有时疹块还可以互相融合成片,导致大块皮肤坏死,结痂呈龟壳状。

（3）慢性型　一般由急性型或亚急性型转来,病猪消瘦、贫血、衰弱,四肢关节特别是腕关节、跗关节常发炎肿胀,步态强拘,跛行或卧地不起。伴发心内膜炎时,听诊心脏有杂音,心律失常。发病后期,部分病猪可能出现四肢水肿。有的病猪皮肤成片坏死,变为黑色而脱落,整个耳部或尾部甚至蹄壳也可因坏死而脱落。

【宰后鉴定】

（1）急性败血型　特征是呈现败血症的病理变化和皮肤的丹毒性红斑。耳根、颈部、腹下、胸前和四肢内侧等处,出现不规则的淡红色充血区,即丹毒性红斑。红斑可互相融合成片,稍高于正常皮肤。全身淋巴结肿大,呈浆液性出血性炎症变化。脾脏肿大呈樱桃红色。肾脏肿大,呈暗红色斑驳状,表面和切面有出血点。胃肠黏膜呈卡他性炎症或出血性炎症,以胃底部和十二指肠最为严重。

（2）亚急性疹块型　以皮肤疹块为特征性病变,疹块内血管扩张,皮肤和皮下组织水肿浸润,压迫血管,疹块中央变为白色,仅周围呈红色。

（3）慢性型　病变特征为关节炎、心内膜炎和皮肤坏死。髋关节、跗关节、腕关节肿大变形,不化脓,切开关节囊,流出多量浆液性纤维素性渗出液。心内膜炎主要在二尖瓣,其次为主动脉瓣,形成菜花样赘生物。

【鉴别诊断】

（1）急性败血型猪丹毒与猪瘟的鉴别

①皮肤红斑　猪瘟为出血斑点,指压不褪色;猪丹毒为充血性红斑,指压褪色。此外,败血型猪丹毒更有表现全身皮肤

发红者,而猪瘟则不见。

②淋巴结变化　猪瘟淋巴结在被膜下和小梁沿线出血,切面呈大理石样花纹;猪丹毒淋巴结充血肿大,呈紫红色,伴发斑点状出血。

③肾脏变化　猪瘟肾脏多呈贫血状态,密发点状出血;猪丹毒肾脏常因淤血而呈暗红色,肿大,有散发性点状出血。

④脾脏变化　猪瘟脾脏肿大不明显,常于脾脏边缘见有暗红色出血性梗死灶;猪丹毒脾脏肿大,呈樱桃红色,不见梗死灶,切开后脾白髓周围可见红晕。

⑤胃肠道变化　猪瘟的病变主要在大肠,小肠的变化轻微,在大肠黏膜见有轮层状溃疡;而猪丹毒的病变在胃和十二指肠,表现急性出血性卡他性炎。

(2)与猪肺疫的鉴别　猪肺疫常发生纤维素性胸膜炎,脾脏多不肿大;猪丹毒则脾脏肿大显著,肺脏呈现充血、水肿和出血。

(3)与炭疽的鉴别　参见炭疽的鉴别诊断。

【实验室检验】　采取病料涂片镜检,必要时可进行病原分离或血清培养凝集试验。

【卫生评价与处理】

(1)病畜的处理　急性猪丹毒病猪胴体、内脏和血液作销毁处理。

(2)染疫产品的处理　病变严重的部分切除废弃,其余作化制处理;病变轻微的,胴体、内脏高温处理后出厂(场)。

猪　瘟

猪瘟是由猪瘟病毒引起的一种急性、热性、接触性传染病。以发病急,高热稽留和细小血管壁变性引起广泛性出血、梗塞和坏死为特征。急性型呈败血症变化，慢性型以纤维素性坏死肠炎为特征。

猪瘟是猪固有传染病。自然条件下，猪瘟病毒对人和其他畜禽均无致病性。在猪瘟的发病过程中常伴有沙门氏菌的继发感染，为此食用病猪肉及副产品，除了能散播病原外，还能引发细菌性食物中毒。

【宰前鉴定】

(1)急性型　突然发病，症状急剧，表现为高热稽留，皮肤和黏膜发绀，有出血点，病猪减食或停食，精神高度沉郁，行走时背腰拱起，四肢软弱无力，两眼有脓性分泌物。病初便秘，随后腹泻，先排球状带黏液的粪块，后排灰黄色稀粪，粪便中有时混有血液。公猪包皮内积恶臭尿液。有的病猪还出现运动障碍或圆圈运动等神经症状。病程 5～15 天。仔猪死亡率可达 100%。

(2)慢性型　病猪体温时高时低，呈弛张热型。便秘与腹泻交替出现，以腹泻为主。口腔黏膜常发炎或附有假膜，扁桃体肿大，有时发生溃疡。在耳根、颈、腹与四肢内侧出现疹块和出血斑点，甚至坏死，并常见脱毛现象。病程长，可持续 1 个月以上，病死率低，但很难完全恢复，耐过者常成为僵猪。

(3)温和型　潜伏期长，症状较轻且不典型，病死率低。病猪短暂发热，一般为 40℃～41℃，少数达 41℃以上，无其他明显症状。母猪长期带毒，妊娠率低，流产、产死胎、木乃伊胎或畸形胎；所生仔猪先天感染，产后死亡或成为僵猪。

【宰后鉴定】

(1)急性型　呈典型的败血症特征。猪的颈部、腹部、四肢内侧等部位皮肤有鲜红色至暗红色的出血斑点，消化道以及泌尿道黏膜和心包膜、腹腔浆膜等处发生点状出血，膀胱、输尿管和肾盂黏膜出血,肾脏密布鲜红色至暗红色的出血点。脾脏不肿大,脾脏边缘常有暗红色出血性梗死灶。全身淋巴结发生急性出血性炎症,肿大,呈鲜红色或暗红色,切面湿润、隆突,呈红白相间的大理石样花纹。

(2)慢性型 主要表现为坏死性肠炎症状,一般在回盲瓣口、盲肠和结肠黏膜上形成纽扣状溃疡,突出于黏膜表面,颜色黑褐,中央凹陷。通常无出血和炎性病变。全身性淋巴组织萎缩。仔猪常见胸腺萎缩,肋软骨连接处生长骨疣。

【鉴别诊断】

(1)与猪副伤寒的鉴别 猪副伤寒多发生于6月龄以下的小猪,猪瘟则无年龄差别;猪副伤寒脾脏多半肿大,呈紫红色,质地坚韧,猪瘟脾脏不肿大,但边缘有出血性梗死灶;猪副伤寒大肠黏膜表现为弥漫性溃烂或局灶性浅平溃疡,猪瘟的扣状肿常高出黏膜表面而呈同心圆状结构。

(2)与猪肺疫的鉴别 猪肺疫多为散发,咽喉部的出血性浆液性炎症是特征性病变。如两者合并发生,常见两种病的病变同时存在。猪肺疫病料涂片可检出巴氏杆菌。

(3)与猪弓形虫病的鉴别 猪弓形虫病常见间质性肺炎或间质性肺水肿,有时表现为纤维素性肺炎。肺门、肝门、脾脏、胃和肠系膜淋巴结肿大并伴发坏死灶。病料涂片,镜检可以发现弓形虫。

【实验室检验】

(1)病原鉴定 采取病料作组织切片,进行直接免疫荧光染色检验、单克隆抗体鉴定。

(2)血清学检验 可用过氧化物酶联中和试验、荧光抗体中和试验、酶联免疫吸附试验等。

【卫生评价与处理】

(1)病猪的处理 宰前检疫确诊为猪瘟的病猪及同群猪，采取不放血的方法扑杀，并进行销毁处理。

(2)染疫产品的处理 宰后检疫确诊为猪瘟的，胴体、内脏及其他副产品全部进行销毁处理，同批产品同样进行销毁处理。

(3)防疫措施 第一，立即停止生产，封锁现场，向动物防疫监督机构报告疫情；第二，屠宰车间场地和设备、畜圈、厂区进行彻底消毒，清除粪便，污物进行焚毁，金属器械和用具进行高温消毒；第三，做好疫情处理人员的卫生防护，一次性防护用品用后应立即焚毁；第四，停产封锁期间按有关规定进行防疫消毒。

猪水疱病

猪水疱病是由猪水疱病病毒引起猪的一种急性传染病，临床特征是在蹄部、口腔黏膜、鼻端、腹部和乳头周围皮肤发生水疱。其症状与口蹄疫极相似，但本病只有猪能自然感染，牛、羊等其他偶蹄动物均不感染。本病主要流行于猪只高度集中和调运频繁的肉联厂、屠宰厂（场）的饲养场和中转站的生猪仓库，传播极快，猪群密度越大，蹄部外伤越多，则发病率越高。

【宰前鉴定】 典型病例：病初病猪体温升高，在蹄冠、蹄叉等部位出现黄豆至蚕豆大的水疱，并逐渐融合扩大，其内充满透明液体。随后水疱破溃形成溃疡，病猪疼痛加剧，运步艰难，跛行明显。严重病例：由于继发细菌感染，局部化脓，可造成蹄壳脱落，病猪卧地不起，食欲减退，精神沉郁，有的在鼻端、口腔和乳头周围也出现水疱，有的病猪偶尔可出现中枢神经系统紊乱症状。

【宰后鉴定】 病猪的宰后检验,除生前见到的病变外,内脏器官一般无肉眼可见病变。

【鉴别诊断】

(1)与口蹄疫的鉴别 口蹄疫不仅感染猪,还能感染牛、羊、鹿、驼骆等偶蹄动物。

(2)与水疱性口炎的鉴别 水疱性口炎感染动物的范围更广,除感染偶蹄动物,马也能感染发病。

(3)与猪水疱疹的鉴别 猪水疱病病毒和猪水疱疹病毒除感染猪发病外,其他动物不被感染发病;猪水疱病病毒接种1~2日龄小白鼠可引起其发病死亡,而猪水疱疹则不能。

【实验室检验】

(1)病原鉴定 可采用酶联免疫吸附试验、直接补体结合试验或细胞培养分离病毒。

(2)血清学试验 可用病毒中和试验和酶联免疫吸附试验。

【卫生评价与处理】 猪水疱病被我国列为一类动物疫病,其病畜、同群畜和产品的处理方法与防疫措施同口蹄疫的处理。

猪痢疾

猪痢疾又称猪血痢、黑痢、出血性痢疾、黏膜出血性痢疾和猪密螺旋体痢疾等,是由猪痢疾蛇形螺旋体引起猪的一种严重肠道传染病。特征为严重的黏液性出血性下痢,大肠黏膜发生卡他性出血性和坏死性炎症。本病发病率高,一旦侵入猪群,则不易根除,可长期危害猪群。因此,在生猪屠宰中必须加强猪痢疾的检验与处理。

【宰前鉴定】 病猪的主要症状为黏液性出血性下痢,病程长的表现消瘦。

（1）最急性型　发病少，偶尔可见。病程仅数小时，常无腹泻症状而突然死亡。

（2）急性型　病猪精神沉郁，体温升高，病初排出黄色至灰色的软粪或稀粪。随即粪中混有大量黏液、血液和纤维素性碎片，粪便呈油脂样、蛋清样或胶冻状，呈棕色、红色或黑红色。病猪迅速消瘦，拱背吊腹，脱水，虚弱，常转为慢性型或取死亡转归。

（3）亚急性型或慢性型　可见黏液性出血性下痢，粪呈黑色。病猪高度消瘦，生长发育停滞。

【宰后鉴定】　病变主要局限于大肠和回盲结合部。急性病例表现为黏液性出血性和纤维素性渗出，肉眼可见大肠黏膜和大肠系膜充血、肿胀和出血，黏膜有胶冻样物附着。病情进一步发展时，黏膜表面坏死，形成黏液纤维蛋白假膜，剥去假膜后露出浅层溃疡面。

【鉴别诊断】　本病应与猪副伤寒、猪传染性胃肠炎、猪流行性腹泻、仔猪白痢、仔猪红痢、猪肠腺瘤病等均有类似腹泻症状的疾病相区别，确诊需进行微生物学检验。

【实验室检验】

（1）细菌学检验　进行细菌学检验可取急性病猪的大肠黏膜或粪便抹片，染色镜检或于暗视野直接检查病原体，也可用直肠拭子采集大肠黏液或粪便做分离培养鉴定。

（2）血清学试验　常用凝集试验、荧光抗体试验和酶联免疫吸附试验等。

【卫生评价与处理】

（1）病畜的处理　宰前确诊为猪痢疾的病猪，禁止屠宰，作扑杀销毁处理。

（2）染疫产品的处理　宰后检出的胴体、内脏均作销毁处理。

猪流行性腹泻

猪流行性腹泻又称流行性病毒性腹泻、类冠状病毒腹泻等，是由猪流行性腹泻病毒引起猪的一种急性接触性肠道传染病。特征为排水样便、呕吐和脱水。

【宰前鉴定】　主要症状为水样腹泻，或者在腹泻之间有呕吐。病猪精神沉郁，食欲减退，继而排水样便，呈灰黄色或灰色。持续腹泻4～7天后逐渐恢复正常。成年猪可能仅表现精神不振、呕吐和厌食。

【宰后鉴定】　本病的病变仅局限在小肠。可见肠管扩张，内含有大量黄色液体，肠黏膜和肠系膜充血，偶有出血点，小肠绒毛缩短。肠系膜淋巴结水肿。

【鉴别诊断】　本病的临床症状与猪传染性胃肠炎和轮状病毒腹泻非常相似，要确诊需进行病原学和免疫学诊断。

【实验室检验】

（1）检测抗原　可用免疫荧光或免疫电镜等方法检测病毒抗原。

（2）检测抗体　可用微量血清中和试验检测康复猪的抗体。

【卫生评价与处理】　患流行性腹泻的病猪及其产品的卫生防疫处理同猪痢疾。

猪繁殖与呼吸综合征

猪繁殖与呼吸综合征又名猪蓝耳病，是由猪繁殖与呼吸综合征病毒引起的以成年猪生殖障碍、早产、流产、死产和产木乃伊胎儿以及仔猪呼吸异常为特征的一种传染病。

【宰前鉴定】

(1)育成猪　表现温和,病猪发热,拒食,双眼肿胀,有结膜炎和腹泻症状,有时粪便带血,有轻微的呼吸困难和咳嗽。

(2)繁殖母猪　高热达 40℃～41℃,厌食,嗜睡,呼吸促迫,呈腹式呼吸或过度呼吸。少数母猪耳朵、乳头、外阴、尾根和腿发绀,尤以耳部最为明显。妊娠晚期发生流产、早产和产死胎、弱仔、木乃伊胎儿。

(3)仔猪　呼吸困难和急促,体质非常虚弱,肌肉震颤,共济失调。大部分新生仔猪头部水肿,出现凸形头,耳朵和躯体末端皮肤发绀,死亡率较高。

【宰后鉴定】

(1)病理变化　在无继发细菌感染的情况下,肺部常无明显的肉眼可见病变,有时肺脏呈暗红色、肿大。肠系膜淋巴结水肿,胸、腹腔积水,心包积液。耐过猪多发生浆膜炎、关节炎、脑膜炎等。

(2)病理组织学检查　可发现本病的特征性病变——弥散性间质性肺炎,并伴有细胞浸润和卡他性肺炎区。有时可见鼻黏膜上皮细胞变性,纤毛上皮脱落,细胞胀圆;支气管上皮细胞水样变性;肺泡间隔细胞增生,嗜中性细胞浸润。

【鉴别诊断】　在本病的诊断中应注意与猪瘟、猪流行性感冒、猪细小病毒病、猪丹毒、猪伪狂犬病、传染性胃肠炎、布鲁氏菌病、猪衣原体病、日本乙型脑炎、钩端螺旋体病等传染病相鉴别,主要依据流行病学特点、宰前症状和宰后可见病理变化做出判断,必要时可进行实验室检验。

【实验室检验】

(1)病原分离鉴定　从病猪的血清、腹水或组织器官中分离病毒,采用特异性抗血清免疫染色来鉴定病毒。

（2）血清学试验　　免疫过氧化物酶单层试验，易于操作，最为常用；酶联免疫吸附试验，适用于大规模普查，已有商品化试剂盒；还有免疫荧光试验、血清中和试验等。

【卫生评价与处理】

（1）病猪的处理　　宰前检出的病猪，应及早作急宰处理。

（2）染疫产品的处理　　胴体、内脏作高温处理，发生严重病变部分剔除作销毁处理。

三、牛、羊常见疫病的检疫

副结核病

副结核病是由副结核分枝杆菌引起的反刍兽的慢性消化道疾病，又称副结核性肠炎，以顽固性腹泻、渐进性消瘦、肠黏膜增厚形成皱褶为特征。本病主要引起牛发病，绵羊、山羊、鹿和骆驼等动物也可感染，其中以奶牛和黄牛最易感，马、驴、猪也有自然感染的病例。

【宰前鉴定】　病初无症状，只有用变态反应试验才能检出，但其中有 $30\% \sim 50\%$ 的病牛能排菌。本病为典型的慢性传染病，病畜体温不升高，症状主要表现为下痢，稀便常呈喷射状排出，恶臭、带有气泡，初为间歇性，后变为持续性。病牛精神沉郁，逐渐消瘦，贫血，泌乳减少或停止。同时，于身体各部出现水肿，尤其是下颌和胸垂部更为明显。

【宰后鉴定】　主要病变在消化道，空肠、回肠、结肠前段呈增生性肠炎，黏膜极度肥厚，形成不规则的皱褶，状似脑回，肠腔变窄，肠管变粗质如食管。肠系膜淋巴结肿大变软。

【实验室检验】

(1)变态反应试验　即采用副结核菌素或禽型结核菌素进行变态反应试验以确诊本病。

(2)血清学检查　可用琼脂凝集扩散试验等进行确诊。

(3)镜检或培养　可用粪便涂片镜检或作细菌培养以确诊本病。

【卫生评价与处理】

(1)消瘦胴体的处理　胴体、内脏作化制或销毁处理。

(2)不消瘦胴体的处理　内脏作化制或销毁处理,胴体高温处理后出厂(场)。

牛病毒性腹泻-黏膜病

牛病毒性腹泻-黏膜病是由牛腹泻病毒引起的牛、羊和猪的一种接触性传染病。牛、羊以消化道黏膜糜烂坏死、胃肠炎和腹泻为特征;猪则表现为母猪不孕、流产、产仔数下降,仔猪生长迟缓和先天性震颤等。

【宰前鉴定】

(1)急性型　突然发病,体温升高至 40℃～42℃,持续2～3 天,有的呈双相热。病牛腹泻,排水样便,恶臭,含有黏液或血液。大量流涎、流泪,口、鼻、舌黏膜出现糜烂或溃疡,严重的整个口腔覆有灰白色坏死上皮,呈煮熟样。妊娠牛流产。

(2)慢性型　病牛消瘦,呈持续性或间歇性腹泻,里急后重,粪便带血或黏膜。鼻镜糜烂,口腔内很少有糜烂。蹄叶发炎,趾间皮肤糜烂,病畜跛行。

【宰后鉴定】　特征性病变是食管黏膜呈虫蚀样烂斑,呈直线排列。口腔、咽部、鼻镜出现不规则烂斑。消化道淋巴结肿大。

【鉴别诊断】

(1)与口腔有糜烂或溃疡、眼有分泌物病畜的鉴别　应与牛瘟、恶性卡他热、牛传染性鼻气管炎、口蹄疫、水疱性口炎、蓝舌病、牛丘疹性口炎、坏死性口炎等相鉴别。

(2)与慢性腹泻病畜的鉴别　应注意与牛肠结核病和牛副结核病相鉴别。

【实验室检验】

(1)病原检查　可用细胞培养结合免疫荧光抗体试验或中和试验进行鉴定。

(2)血清学检查　可用中和试验、补体结合试验、免疫荧光抗体技术、琼脂免疫扩散试验和聚合酶链反应进行鉴定。

【卫生评价与处理】　确认为患牛病毒性腹泻-黏膜病的病畜,胴体、内脏及其他副产品全部作销毁处理。

牛传染性鼻气管炎

牛传染性鼻气管炎又称牛传染性坏死性鼻炎、红鼻病等,是由牛传染性鼻气管炎病毒引起牛的一种急性、热性、接触性传染病,主要特征是呼吸道黏膜发炎,有鼻炎、鼻窦炎、咽炎和气管炎。出现咳嗽、流鼻液、呼吸困难等症状,还可引起生殖器感染、流产、脑膜炎和结膜炎。

【宰前鉴定】

(1)呼吸道型　表现整个呼吸道受损害,是最常见的一种类型。病牛发热40℃以上,精神委顿,不食,咳嗽,呼吸困难,流泪,流涎,流黏脓性鼻液,鼻黏膜充血,鼻翼、鼻镜发炎充血,呈淡红色,故称红鼻病。后期呼吸高度困难,甚至张口喘气,并有深部支气管性咳嗽。有时病牛排血便。

（2）生殖器型　主要见于性成熟母牛，表现外阴道炎。病初轻度发热，尿频，排尿时感痛而不安。阴门流黏性脓性分泌物。外阴和阴道黏膜充血肿胀，黏膜表面有灰色小脓疱，外观黏膜呈颗粒状。严重时黏膜表面被覆灰色假膜，并形成溃疡。公畜表现为龟头包皮炎，充血溃疡，阴茎弯曲，精囊腺变性、坏死。

（3）流产型　一般多见于初胎青年母牛妊娠期的任何阶段，也可发生于经产母牛。

（4）脑炎型　主要见于犊牛。病初体温升高，流涕、流泪，呼吸困难，之后肌肉痉挛，沉郁与兴奋交替发生，吐沫、惊厥，共济失调，最后倒卧，角弓反张。病程短促，死亡率高，可达50％以上。

（5）眼炎型　表现为角膜炎和结膜炎，一般无明显全身反应，多与上呼吸道炎症合并发生。轻者结膜充血，眼睑水肿，大量流泪。重者眼睑外翻，结膜表面形成灰色坏死性假膜，呈颗粒状外观。眼和鼻流浆液性或脓性分泌物。

【宰后鉴定】

（1）呼吸道病变　以上呼吸道黏膜炎症，鼻腔和气管内有纤维蛋白性渗出物为特征。

（2）生殖器病变　表现为母畜外阴、阴道、宫颈黏膜炎症和公畜包皮、阴茎的炎症。

（3）脑病变　表现为非化脓性脑炎变化。

【实验室检验】

（1）病原检查　可应用荧光抗体试验、酶联免疫吸附试验作病毒抗原检测。

（2）血清学检查　可用病毒中和试验、酶联免疫吸附试验等进行检查。

【卫生评价与处理】

(1)病畜的处理　宰前确诊为牛传染性鼻气管炎的病畜，采取无血扑杀的方法进行处理，病畜整尸进行销毁。

(2)染疫产品的处理　宰后检疫确诊为牛传染性鼻气管炎的，胴体、内脏及其他副产品作销毁处理。

牛传染性胸膜肺炎

牛传染性胸膜肺炎又称牛肺疫，是由丝状支原体丝状亚种引起的一种高度接触性传染病，以渗出性纤维素性肺炎和浆液纤维素性胸膜肺炎为特征。易感动物主要有黄牛、奶牛、牦牛、犏牛、鹿和羚羊，羊和骆驼在自然状态下不易感染，其他动物和人不易感染。

牛传染性胸膜肺炎广泛流行于非洲、中东和亚洲部分地区，传染源为病牛、康复牛和隐性带菌牛，其中隐性带菌牛是主要传染源。我国已消灭本病。

【宰前鉴定】

(1)急性型　病初体温升高达 40℃～42℃，呈稽留热型。鼻翼开张，呼吸促迫而浅，呈腹式呼吸和痛性短咳，常发"吭"声。胸部疼痛不愿行走或卧下，前肢叉开，呼气长吸气短。叩诊胸部患侧发浊音，并有痛感。听诊肺部有湿性啰音、支气管呼吸音和摩擦音。多数病畜发生结膜炎，流泪，眼角附有黏性或脓性分泌物，有时流浆性或脓性鼻液。病后期心脏衰弱，可见前胸下部和肉垂水肿，尿量少而比重增加，便秘和腹泻交替发生。病畜体况衰弱，眼球下陷，呼吸极度困难，体温下降，最后窒息死亡。急性病例病程为 15～30 天。

(2)慢性型　病牛体况消瘦，无力，偶发干咳，叩诊胸部敏感有浊音区。胸前、腹下、颈部常有水肿。此种病牛在良好的饲养管理条件下,症状可缓解并逐渐恢复正常,成为康复带菌者。少数病例因病变区域较大、饲养管理条件改变或劳役过度等,易引起恶化,预后不良。

【宰后鉴定】 特征性病变主要见于肺脏和胸膜。

(1)肺脏病变 初期以小叶性支气管肺炎为特征,病灶充血、水肿,呈鲜红色或紫红色;中期肺脏呈纤维素性肺炎和浆液性纤维素性胸膜肺炎变化,肺实质有不同时期的肝样病变区,形成大理石样外观;末期肺部病灶被结缔组织包围,有的坏死、液化而形成脓腔、空洞,有的被增生的结缔组织取代,形成瘢痕,有的钙化或形成肉样变。

(2)胸膜病变 胸膜增厚,色红晦暗,附有纤维蛋白渗出物。胸腔积液可达 1 000～2 000 毫升,其中含有絮状物。重者肺脏与胸膜粘连。

(3)其他病变 纵隔淋巴结、支气管淋巴结肿大 2～3 倍,切面多汁,呈黄白色,有坏死灶。

【鉴别诊断】

(1)与牛巴氏杆菌病的鉴别 牛巴氏杆菌病进展迅速剧烈,肺脏的大理石样病变不典型,浆膜、黏膜、淋巴结弥漫性出血;牛传染性胸膜肺炎具有典型的肺脏大理石样病变,无出血性病变。

(2)与异物性肺炎的鉴别 异物性肺炎表现为支气管肺炎,具有化脓和坏疽过程,牛传染性胸膜肺炎无此病变。

【实验室检验】 采取病牛鼻液、肺组织或胸腔渗出液,进行病原分离鉴定,或用补体结合试验测定血清抗体,或用酶联免疫吸附试验、被动血凝试验作筛选试验。

【卫生评价与处理】

(1)病畜的处理 宰前检疫确诊为牛传染性胸膜肺炎的病畜和同群畜,行无血扑杀后作销毁处理。

（2）染疫产品的处理　宰后检疫检出的病畜胴体、内脏及其他副产品和同批产品全部作销毁处理。

（3）防疫措施　第一，立即停止生产、封锁现场，向动物防疫监督机构报告疫情；第二，屠宰车间场地和设备、畜圈、厂（场）区进行彻底消毒，清除粪便，污物进行焚毁，金属器械和用具进行高压消毒；第三，做好疫情处理人员的卫生防护，一次性防护用品用后立即进行焚毁；第四，停产封锁期间按规定进行防疫消毒。

牛　瘟

牛瘟俗称"烂肠瘟"、"胆胀瘟"，是由牛瘟病毒引起的一种高度接触性、急性、败血性传染病。本病的主要特征是全身黏膜，特别是消化道黏膜发生卡他性、出血性、纤维素性、坏死性炎症。牦牛、犏牛、黄牛和水牛均易感染，骆驼、绵羊、山羊、鹿和猪也可感染，但症状较轻微。

【宰前鉴定】

（1）急性型　新发地区、青年牛和新生牛常呈最急性发作，多无任何前驱症状而死亡。

（2）典型性　病畜突然高热（41℃～42℃），稽留3～5天不退。黏膜（如眼、鼻、口腔、性器官黏膜）充血潮红。流泪、流鼻液、流涎，呈黏脓状。在发热后3～4天口腔出现特征性变化，口腔（齿龈、唇内侧、舌腹面）黏膜潮红，迅速出现大量灰黄色粟粒大的小突起，如麸皮状，以后互相融合形成灰黄色假膜，脱落后露出糜烂或坏死，呈现形状不规则、边缘不整齐、底部深红色的地图样烂斑。

高热过后严重腹泻，里急后重，粪稀如浓汤，混有血液，异常恶臭，内含黏膜和坏死组织碎片。尿频、色呈黄红色或黑红色。从腹泻开始病情急剧恶化,病畜迅速脱水、消瘦和衰竭,不久后死亡。病程一般 4~10 天。

(3)非典型性与隐性型 长期流行地区多呈非典型性,病牛仅呈短暂的轻微发热、腹泻和口腔变化,死亡率低。或呈无症状的隐性经过。

【宰后鉴定】 典型病例尸体脱水、消瘦、污秽和恶臭,可见消化道黏膜有严重炎症并坏死,口腔、皱胃、肠管、上呼吸道黏膜坏死、糜烂或充血、出血,口腔黏膜出现地图样烂斑;小肠黏膜潮红、水肿,有出血点;淋巴结肿胀、坏死;大肠呈程度不同的出血或烂斑,覆盖灰黄色假膜,形成特征性的斑马条纹;胆囊增大 1~2 倍,充满大量绿色稀薄胆汁,黏膜有出血点;淋巴结水肿肿胀。

【鉴别诊断】 牛瘟应注意与口蹄疫、牛病毒性腹泻-黏膜病、牛传染性鼻气管炎、恶性卡他热、水疱性口炎、副结核、沙门氏菌病、砷中毒相鉴别。确诊需进行实验室检验。

【实验室检验】

(1)病原鉴定 用于抗原检测的方法包括琼脂凝胶免疫扩散试验、直接和间接免疫过氧化物酶试验、对流免疫电泳;用于病毒分离和鉴定的方法包括病毒分离、病毒中和试验;用于检测病毒 RNA 的方法包括牛瘟特异性 cDNA 探针和聚合酶链反应等。

(2)血清学试验 可用酶联免疫吸附试验和病毒中和试验进行检测。

【卫生评价与处理】 牛瘟为我国一类动物疫病,在 20 世纪 50 年代我国已消灭本病,但目前亚洲、非洲的一些国家仍有发生,应警惕其传入性发生。发现牛瘟时病畜、同群畜和产品的处理方法和防疫措施同口蹄疫的处理。

牛白血病

牛白血病又称牛淋巴瘤病、牛恶性淋巴瘤、牛淋巴肉瘤，是由牛白血病病毒引起的慢性肿瘤性疾病，以淋巴细胞恶性增生、进行性恶病质和高病死率为特征。

【宰前鉴定】

(1)非显性期　感染牛在非显性期只有血相变化，即白细胞和淋巴细胞增多以及出现异常淋巴细胞。

(2)显性期　病牛体表或全部淋巴结、脏器、组织形成肿瘤。体表淋巴结肿大而且坚硬，可使病牛头偏向一侧，如眶后淋巴结肿大挤压眼球，使眼球突出；压迫咽喉头可导致呼吸和吞咽困难；压迫神经造成共济失调、麻痹等。

【宰后鉴定】　主要为全身的广泛性淋巴肿瘤。各脏器、组织形成大小不等的结节性或弥散性肉芽肿病灶，真胃、心脏和子宫最常发生病变。

【实验室检验】

(1)病原检查　病毒可用外周血液淋巴细胞培养分离，然后用电镜或牛白血病病毒抗原测定法鉴定。在外周血液中可用聚合酶链反应检查病毒 DNA，在肿瘤中可用聚合酶链反应和原位杂交检测。

(2)血清学检查　应用最广泛的有琼脂凝胶扩散试验和酶联免疫吸附试验。

【卫生评价与处理】

(1)病畜的处理　宰前确诊的病牛扑杀后作销毁处理。

(2)染疫产品的处理　胴体、内脏全部作销毁处理。

气 肿 疽

气肿疽又名黑腿病,是由气肿疽梭菌引起的反刍动物的一种急性、热性、败血性传染病。其特征是在肌肉丰满部位发生出血性坏死性肌炎,皮下和肌间结缔组织的浆液性出血性炎症,并在其中产生气体。

在肉用家畜中,黄牛的易感性最大,水牛、奶牛和绵羊的易感性较小,牦牛的易感性更小。猪呈零星散发,马属动物不感染。

【宰前鉴定】 气肿疽通常见于3月龄到4岁的牛。病牛体温升高(41℃~42℃),反刍停止,精神沉郁,常有跛行。不久在股、臀、肩、颈部等肌肉丰满部位发生气性、炎性水肿的特征性变化。肿胀部开始有热痛,后肿胀部中心变冷,失去知觉,产生多量气体,很快沿皮下和肌间向四周扩散。肿胀部皮肤干燥、紧张,呈紫黑色,触诊硬固,有捻发音。肿胀破溃或切开时,流出污红色带有泡沫的酸臭液体,肿胀部附近淋巴结肿大。

【宰后鉴定】

(1)肌肉病变 特征性的病理变化发生在骨骼肌,通常位于颈、肩、胸、腰、臀等肌肉丰满处,但也可能在咬肌、舌肌、喉肌等处形成病变。患部肌肉表现明显的气性坏疽和出血性炎症,呈黑褐色,压之有捻发音,触之易碎;切开时流出暗红色或褐色带酸臭味的液体,并夹杂有气泡,其间有暗红色、中心部干燥的大块坏死性病灶。由于气体形成,肌纤维与肌膜之间形成裂隙,横切面呈海绵状。

(2)淋巴结病变 病灶局部的淋巴结显著肿胀,呈浆液性、出血性淋巴结炎,表现为整个淋巴结被大量浆液和血液所浸润,切面多汁,布满出血点。

【鉴别诊断】 本病应注意与炭疽、恶性水肿和巴氏杆菌病相鉴别。

(1)与炭疽的鉴别 炭疽各种动物均能感染,病牛体温较高,直至死亡前方下降。有时也发生局部炎性肿胀,但内容物较软为水肿性,没有捻发音。脾脏显著肿大,脾髓软化。涂片镜检可发现带荚膜的炭疽杆菌。炭疽沉淀反应阳性。

(2)与恶性水肿的鉴别 恶性水肿的皮下气性肿胀不如气肿疽明显,并在后期因水肿加剧而气性肿胀消失。肝脏表面做触片染色镜检时,可发现呈长丝状、微弯曲的腐败梭菌。

(3)与巴氏杆菌病的鉴别 病牛的肿胀部主要见于咽喉部和颈部,为炎性水肿,表现硬固、灼热、疼痛,但不产生气体,无捻发音,并常有纤维素性胸膜肺炎的症状和病理变化。血液涂片染色镜检时,可见到两极浓染、革兰氏阴性的巴氏杆菌。

【卫生评价与处理】

(1)病畜的处理 宰前确诊的禁止屠宰,扑杀后作销毁处理。

(2)染疫产品的处理 宰后发现的病畜胴体、内脏全部作销毁处理。

蓝舌病

蓝舌病是由蓝舌病病毒引起反刍动物的一种虫媒性急性传染病,主要侵害绵羊,以高热、白细胞减少,口腔、鼻腔和胃肠道黏膜发生溃疡性炎症变化为特征。病死率高,对生产性能影响大。牛易感染,但以隐性感染为主。山羊和野生反刍动物如鹿、麋、羚羊、沙漠大角羊也可感染,但一般不表现出症状。

【宰前鉴定】 绵羊蓝舌病的典型症状以体温升高和白细胞显著减少为主,体温高达 40℃～42℃,稽留 2～6 天。病羊精神委顿、厌食、流涎,嘴唇水肿,并蔓延到面部、眼睑、耳以及颈部和腋下。口腔黏膜和舌充血、糜烂，严重的病例舌头发绀，呈现出蓝舌病的特征性症状。有的蹄冠和蹄叶发炎，呈现跛行。妊娠母畜可发生流产、胎儿脑积水或先天畸形。病程稍长的病羊消瘦。

牛感染蓝舌病病毒大都呈亚临床经过，仅5％的病例显示轻微临床症状，体温升高，口腔黏膜轻度糜烂，有轻度咳嗽、蹄冠趾间皮肤充血和白细胞减少等。

【宰后鉴定】 主要在口腔、瘤胃、心脏、肌肉、皮肤和蹄部呈现糜烂、出血点、溃疡和坏死。皮下组织充血和胶样浸润。肌纤维变性，肌间有浆液和胶样浸润。蹄部有蹄叶炎变化。

【鉴别诊断】 应注意与羊传染性脓疱病、绵羊痘、口蹄疫、牛病毒性腹泻-黏膜病、牛恶性卡他热等疫病相鉴别。确诊需进行实验室检验。

【实验室检验】 蓝舌病病毒分离物可通过免疫荧光试验进行定性鉴定；用病毒中和试验可进行定型鉴定。

【卫生评价与处理】 蓝舌病为我国一类动物疫病，发现蓝舌病时，病畜、同群畜和产品的处理方法与防疫措施同口蹄疫的处理。

魏氏梭菌病

魏氏梭菌病是由产气荚膜梭菌引起的多种动物传染病的总称，包括猪梭菌性肠炎、羊肠毒血症、羊猝狙、羔羊痢疾和兔梭菌性腹泻等。

产气荚膜梭菌可分为 A、B、C、D、E 5 个型，在自然界中分布极广泛，可见于土壤、污水、饲料、食物、粪便以及人、畜肠管中。A 型菌主要是引起人气性坏疽和食物中毒的病原，也可引起动物的气性坏疽，还可引起牛、羔羊、新生羊驼、野山羊、驯鹿、仔猪、家兔等的肠毒血症;B 型菌主要引起羔羊痢疾,还可引起犊牛、绵羊和山羊的肠毒血症或坏死性肠炎;C型菌是绵羊猝狙的病原,也可引起羔羊、犊牛、仔猪、绵羊的肠毒血症和坏死性肠炎,以及人的坏死性肠炎;D 型菌引起羔羊、成年羊和牛的肠毒血症;E 型菌可导致犊牛、羔羊肠毒血症,但很少发生。

【宰前鉴定】

(1)猪梭菌性肠炎 又称仔猪传染性坏死性肠炎、仔猪红痢,是由 C 型产气荚膜梭菌引起的一种新生仔猪的高度致死性肠毒血症。主要侵害 1～3 日龄仔猪,1 周龄以上的很少发病。以排血样便、肠坏死、病程短、病死率高为特征。

①最急性型 仔猪未表现明显症状突然死亡,濒死前或死后臌气。

②急性型 病猪体温一般不升高,排出带有多量泡沫、夹有少量灰色坏死组织碎片的红褐色稀粪,有特殊腥臭味。发病后 3～5 天死亡。

③亚急性型 病猪呈持续性腹泻,病初排出黄色软粪,以后变成液状,内含坏死组织碎片。病猪食欲不振、极度消瘦和脱水,一般在出生后 5～7 天死亡。

④慢性型 呈间歇性或持续性腹泻。粪便呈灰黄色黏液状。肛门和尾部附着稀粪。病程 2 周至数周,最后死亡或因发育受阻而无饲养价值。

(2)羊猝狙 是由 C 型产气荚膜梭菌引起的一种羊传染病,主要侵害绵羊,也感染山羊,6 月龄至 2 岁发病率最高。以急性死亡、腹膜炎和溃疡性肠炎为特征。病程很短,一般无临床表现即急性死亡。有的可见病羊突然无神,侧身卧地,剧烈痉挛,咬牙,眼球突出,最后惊厥而死。

（3）羔羊痢疾　是由 B 型产气荚膜梭菌引起初生羔羊的一种急性毒血症，以剧烈腹泻和小肠发生溃疡为特征。病羊精神委顿，腹泻，粪便恶臭，呈黄绿色、黄白色至灰白色。后期粪便带血并含有黏液和气泡。肛门失禁，严重脱水，卧地不起，常在 1～2 天内死亡，只有少数轻症者可能自愈。

（4）羊肠毒血症　是由 D 型产气荚膜梭菌引起的一种绵羊急性毒血症。发病急、病程短，病羊常无症状而突然发病死亡。病程稍长的可见到神经症状，全身肌肉痉挛，角弓反张，倒地，四肢抽搐呈划水样。呼吸促迫，口、鼻流出白沫。有的不表现神经症状。

【宰后鉴定】

（1）猪梭菌性肠炎　空肠常可见到长短不一的出血性坏死灶，外观肠壁呈深红色，肠管内充满含血内容物。病程稍长的病例，肠管病变以坏死性炎症变化为主，表现肠壁变厚，黏膜附有黄色或灰色坏死性假膜、易剥离。肠管内可见坏死组织碎片。肠系膜可见多量气泡。淋巴结周边出血，肾脏表面有多量针尖大小的出血点。

（2）羊猝狙　病变主要见于消化道和循环系统。皱胃、肠管发炎，小肠溃疡，大肠壁血管怒张、出血。心包、胸腔、腹腔积液，心外膜有出血点，肾脏变性。

（3）羔羊痢疾　尸体严重脱水，尾部粘有稀粪痕迹。皱胃内有未消化的乳凝块。小肠（尤其是回肠）黏膜充血发红，常见直径 1～2 毫米的溃疡，其周围有一出血带环绕，肠内容物呈血色。

（4）羊肠毒血症　以肾脏肿胀柔软呈泥状病变最具特征，因此又称软肾病。病羊腹部膨大，胃内充满食物和气体。大、小肠黏膜充血、出血，充满气体，重症者整个肠壁呈红色。胆囊肿大,胸腔、腹腔和心包积液。

【鉴别诊断】

(1)猪梭菌性肠炎　应注意与猪痢疾、猪副伤寒、猪传染性胃炎、猪流行性腹泻等病相区别。

(2)羊猝狙　应注意与羊快疫、羊肠毒血症、炭疽等病相区别。

(3)羔羊痢疾　应注意与沙门氏菌、大肠杆菌和肠球菌引起的初生羔羊下痢相区别。

(4)羊肠毒血症　应注意与羊快疫的区别(参见羊快疫的鉴别诊断);与炭疽的区别为炭疽病的天然孔出血和尸僵不全。

【实验室检验】　采集肠内容物作涂片镜检、细菌分离鉴定和毒素检查。

【卫生评价与处理】　确认为患魏氏梭菌病的病畜,胴体、内脏及其他产品作销毁处理。

羊 快 疫

羊快疫是由腐败梭菌引起的羊的一种急性传染病。其特征是发病突然,病程短促,皱胃黏膜呈出血性、坏死性炎症。本病以绵羊多发,山羊较少见,发病多见于6月龄至2岁之间。

【宰前鉴定】　发病突然,病羊往往未出现临床症状就死于放牧途中或圈舍内,且多为肥壮的羊只。有些羊于死前有疝痛、臌气、结膜发红、磨牙等症状,最后痉挛而死。有些则表现虚弱,食欲废绝,口、鼻内流出带血色的泡沫,间或排粪困难,里急后重,粪团色黑而软,并夹杂黏液与脱落黏膜,甚至排出油黑色或蛋清样具恶臭的稀粪。

【宰后鉴定】　胃和十二指肠的变化最为明显,瘤胃、网胃、瓣胃黏膜常随倾倒胃内容物而自行脱落,多数病例的瓣胃内容物干硬。皱胃多空虚,黏膜潮红、肿胀,胃底部和幽门部黏膜常有大小不等的出血斑,或呈弥漫性出血,有时还有坏死和溃疡。肠管充满气体,十二指肠变化和皱胃相仿,空肠表现急性卡他性炎症变化,大肠变化不明显。

心外膜和心内膜散布点状出血,心肌实质变性。肝脏肿大,呈土黄色,质地柔软、脆弱,其被膜下常见出血斑点,切面散在淡黄色、大小不等的坏死灶。肺脏淤血、水肿。脾脏多无变化,仅个别病例稍肿大。咽部和颈部淋巴结肿大、充血、出血。少数病程稍长或剖检较迟的病例,肾脏有软化现象。

【鉴别诊断】 羊快疫应注意与羊肠毒血症、炭疽相区别。

(1)与羊肠毒血症的鉴别 羊肠毒血症突出的病变是小肠黏膜的重剧出血性炎症和肾脏的软化(多为一侧性),而羊快疫突出的病变为皮下组织的出血性胶样浸润,肝脏坏死,瘤胃、网胃、瓣胃黏膜的自行脱落,瓣胃内容物的干硬以及皱胃黏膜明显的出血性炎症。

(2)与炭疽的鉴别 炭疽病羊有高热,脾脏显著肿大,脾髓软化,但没有肝脏坏死性变化,病料涂片染色镜检可见有荚膜的炭疽杆菌。

【实验室检验】 可采取病料作涂片镜检和荧光抗体试验。

【卫生评价处理】 确诊为羊快疫的病羊,胴体、内脏及其他产品作销毁处理。

山羊关节炎-脑炎

山羊关节炎-脑炎是由山羊关节炎-脑炎病毒引起的山羊持续性感染,是一种慢性病毒性传染病。临床症状以羔羊脑脊髓炎和成年羊多发性关节炎为特征。

【宰前鉴定】 临床上可分为脑脊髓炎型、关节炎型和间质性肺炎型。各型独立发生,少数有交叉。

(1)脑脊髓炎型 主要见于2~4月龄羔羊,发病有明显的季节性,多于3~8月份发生。病羊精神沉郁,共济失调,一肢或数肢麻痹,有的病例出现眼球震颤、惊恐、角弓反张、头颈歪斜和转圈运动,经半个月至1年后死亡,有的终生留有后遗症。

(2)关节炎型 主要发生在1周岁以上的成年山羊,病程1~3年。典型症状是关节肿大和跛行,病情渐进性加重或突然发生,关节肿大如拳,活动受限,常见前肢跪地行走。

(3)间质性肺炎型 比较少见,无年龄差异,病程3~6个月。病羊进行性消瘦,咳嗽,呼吸困难,胸部叩诊有浊音,听诊有湿啰音。

【宰后鉴定】 病变主要定位于中枢神经系统、四肢关节和肺脏,其次是乳房。中枢神经系统表现非化脓性脑脊髓炎症状,主要见于小脑和脊髓的白质,偶见于中脑;四肢关节表现为增生性关节炎和滑膜囊炎;肺脏表现为间质性肺炎;乳房表现为间质性乳房炎。

【实验室检验】

(1)病原鉴定 可用免疫标记、核酸识别试验进行病毒鉴定。

(2)血清学检查 可用琼脂凝胶免疫扩散试验、间接酶联免疫吸附试验、乳汁抗体测定试验。

【卫生评价与处理】

(1)不消瘦胴体的处理 病变组织废弃销毁,胴体、内脏高温处理后出厂(场)。

(2)消瘦胴体的处理 胴体、内脏全部作销毁处理。

痒　病

痒病是由一种特殊的传染因子侵害中枢神经系统引起的绵羊和山羊的慢性致死性疫病。本病以剧痒、共济失调和高致死率为特征。痒病的病原——痒病病毒与牛海绵状脑病的病原类似，均为朊病毒，是一种弱抗原物质，不能引起免疫应答，无诱生干扰素的性能，也不受干扰素的影响；对40％甲醛溶液和高热有耐受性。经研究发现，牛患海绵状脑病与采用痒病病死羊加工动物性蛋白饲料用来饲喂牛有密切关联。

【宰前鉴定】　本病以剧痒和运动共济失调为临床特征。

（1）剧痒　部位多在臀部、腹部、尾根部、头顶部和颈背侧，常常是两侧对称性的。病羊频频摩擦、啃咬、蹬踢自身发痒部位，造成大面积脱毛和皮肤损伤。

（2）运动失调　表现为转弯僵硬、步态蹒跚或跌倒，最后衰竭，躺卧不起。

（3）其他神经症状　有微颤、癫痫和瞎眼症状。

【宰后鉴定】

（1）感官检查　除尸体消瘦、脱毛、皮肤损伤外，内脏器官缺乏明显肉眼可见的变化。

（2）病理组织学检查　可见脑组织神经细胞变性和形成空泡，脑组织呈海绵状变化，胶质细胞增生，有轻度脑脊髓炎变化。

【鉴别诊断】

（1）与羊螨病、虱病的鉴别　患螨病、虱病的病羊也有剧痒表现，但其均为体表寄生虫，容易鉴别。

（2）与梅迪维斯纳病的鉴别　患梅迪维斯纳病的病羊以神经症状为主，无剧痒症状。

【卫生评价与处理】 痒病为我国一类动物疫病,其病羊、同群羊和产品的处理与防疫措施可参考口蹄疫的处理。

四、家禽常见传染病的检疫

鸡新城疫

鸡新城疫是由鸡新城疫病毒引起禽的一种急性、热性、败血性和高度接触性传染病,以高热、呼吸困难、下痢、神经紊乱、黏膜和浆膜出血为特征,具有很高的发病率和病死率。

【宰前鉴定】

(1)最急性型 常突然发病,鸡群无特征性症状而迅速大量死亡。

(2)急性型 表现呼吸道、消化道、生殖系统和神经系统异常。以呼吸道症状开始,继而下痢。病鸡体温在 43℃～44℃,咳嗽,呼吸困难而伸颈张口,发出"咯咯"的喘鸣声,或发出怪叫声,精神沉郁,羽毛松乱,食欲减退或丧失,渴欲增加。垂头缩颈,翅翼下垂,鸡冠和肉髯呈紫色,眼半闭或全闭,状似昏睡。口角流出大量黏液,常甩头或吞咽,嗉囊内积有大量液体或气体,倒提病禽常从口角流出大量酸臭的暗灰色液体,排黄绿色或黄白色水样稀便,有时混有少量血液,气味恶臭,后期粪便呈蛋清样。产蛋停止或产软壳蛋,部分病鸡出现神经症状。死亡率达 90% 以上。

(3)慢性型 多为耐过急性期的病禽,常以神经症状为主,如翅麻痹、跛行或站立不稳,头颈向后或向一侧扭转,常伏地旋转或向后倒退,最后瘫痪或半瘫痪,逐渐消瘦,最后死亡。

【宰后鉴定】 病理变化以全身黏膜、浆膜与内脏出血为特征。口腔和咽喉存有黏液,咽部黏膜充血、出血。腺胃黏膜肿胀,黏膜腺体顶端可见出血、坏死。腺胃和肌胃交界处有出血带,是特征性病变。肌胃角质膜下有鲜红色的出血斑点。十二指肠、胃和盲肠交界处可见出血和溃疡灶。有时心冠脂肪、心内外膜和心尖脂肪上有针尖大小的出血点。呼吸道有时充血和出血。

【实验室检验】 血清学试验可作病毒血凝试验、病毒血凝抑制试验和酶联免疫吸附试验。

【卫生评价与处理】

(1)病禽的处理 宰前检疫确诊为鸡新城疫的病禽和同群禽,无血扑杀后作销毁处理。

(2)染疫产品的处理 宰后检疫检出病禽,胴体、内脏及其他副产品和同批产品全部作销毁处理。

(3)防疫措施 第一,立即停止生产、封锁现场,向动物防疫监督机构报告疫情;第二,屠宰车间场地和设备、圈舍、厂(场)区进行彻底消毒,清除粪便,污物进行焚毁,金属器械和用具进行高温消毒;第三,做好疫情处理人员的卫生防护,一次性防护用品用后立即进行焚毁;第四,停产封锁期间按规定进行防疫消毒。

鸡马立克氏病

鸡马立克氏病是由马立克氏病毒引起鸡的一种淋巴组织增生性传染病,以病鸡的外周神经、性腺、虹膜、内脏器官、肌肉和皮肤发生单核细胞浸润,形成淋巴肿瘤为特征。

【宰前鉴定】 鸡马立克氏病一般分为神经型、内脏型、眼型和皮肤型 4 种,可混合感染。

（1）神经型　主要侵害外周神经，特征是一肢麻痹或瘫痪，形成一腿伸向前方一腿伸向后方的特征性姿势，翅下垂，常倒向一侧。两腿同时患病的，不能站立，呈犬伏姿势。头颈歪斜，嗉囊扩大，喘息。

（2）内脏型　病禽主要表现精神委靡，食欲不振，体重减轻，面部苍白，腹泻等，常突然死亡。

（3）眼型　主要侵害虹膜，单侧或双眼发病，视力减退，严重的失明。可见虹膜增生褪色，呈浑浊的淡灰色，瞳孔收缩，边缘不整呈锯齿状。

（4）皮肤型　以皮肤毛囊形成小结节或肿瘤为特征，最初见于颈部和两翅皮肤，以后遍及全身。

【宰后鉴定】

（1）神经型　剖检可见受害的外周神经肿胀变粗，神经纤维横纹消失，呈灰白色或黄白色。

（2）内脏型　肝脏、脾脏、肾脏和卵巢肿大，其上散布大小不一的灰白色结节或肿块，严重时器官变形。心肌有肿瘤样病灶，可引起粘连性心包炎。其他器官也可出现上述病变。

（3）眼型和皮肤型　病变与宰前鉴定相同。

【鉴别诊断】　内脏型应注意与淋巴细胞性白血病相区别。淋巴细胞性白血病病禽法氏囊有结节性肿瘤病变，在皮肤、肌肉无肿瘤性病变，也不表现神经症状和眼部症状。

【实验室检验】　血清学检查可作琼脂扩散试验、直接或间接荧光试验、中和试验、酶联免疫吸附试验。

【卫生评价与处理】　宰前检疫或宰后检疫确认为马立克氏病的，胴体、内脏及其他产品全部作销毁处理。

鸡传染性法氏囊病

鸡传染性法氏囊病又称甘布罗病，是由鸡传染性法氏囊病病毒引起的一种急性、高度接触性传染病，以突然发病、病程短、发病率高、法氏囊受损和病鸡的免疫功能降低为特征。3～6周龄的鸡最易感，成年鸡一般呈隐性经过。

【宰前鉴定】 本病发生突然，病鸡精神高度沉郁，食欲大减，间歇性腹泻，发病期排白色水样稀便，恢复期排绿色粪便。法氏囊肿大，用手指触摸，可明显感到突出于泄殖腔上缘。重症鸡常脱水，发生血液循环障碍，逐渐衰竭死亡。康复鸡发育不良，贫血，消瘦，全身免疫功能降低。

【宰后鉴定】 典型病变发生在法氏囊，先肿大，后萎缩，感染早期法氏囊体积增大，重量增加，发病后2～4天肿大2～3倍，法氏囊周围脂肪组织胶样水肿。切开法氏囊可见其黏膜潮红肿胀，散在点状出血，皱褶趋于平坦。严重病例整个法氏囊呈紫红色，有时黏膜有弥漫性出血。病后期则见法氏囊萎缩，重量减轻，呈灰白色，切开可见干酪样物。此外，胸、腿、翅部肌肉有条纹或斑块状出血，肌肉干燥。胸腺不肿大，偶见点状出血。肾脏肿大、苍白，肾小管内可见白色尿酸盐积存。

【实验室检验】 血清学检查可作病毒中和试验、免疫琼脂扩散试验、酶联免疫吸附试验。

【卫生评价与处理】

（1）病变较轻的处理 切除病变部分作销毁处理，其余部分高温处理后出厂（场）。

（2）病变较重的处理 胴体、内脏作销毁处理。

高致病性禽流感

高致病性禽流感又称真性鸡瘟、欧洲鸡瘟，是由 A 型禽流行性感冒病毒引起的家禽和野禽以呼吸系统病症为主的急性、败血性、高度致死性传染病。临床症状表现为呼吸道、消化道、生殖系统、神经系统异常等，如发热，冠和肉髯发黑，面部水肿，呼吸困难，有神经系统症状，浆膜和黏膜出血等。鸡和火鸡最易感，鸭、鹅和鸽的易感性低。禽流感在全世界都有分布，对养禽业危害很大。现有学者认为人类流感病毒是由禽流感病毒进化而来，并有人类感染禽流感的报道。

【宰前鉴定】 鸡发生高致病性禽流感多为急性，常表现为体温迅速升高，在无其他任何症状的情况下突然死亡。病禽羽毛松乱，精神沉郁，消瘦，垂翼闭眼，呆立不动，腹泻。头面水肿，冠、肉髯呈黑紫色，皮肤发绀，爪鳞出血，结膜发炎，口黏膜有出血和纤维蛋白渗出物。咳嗽，打喷嚏，流泪，呼吸困难，常出现歪脖、抽搐、共济失调、瘫痪、眼盲等神经症状。鸭、鹅等水禽感染后多无明显症状。

【宰后鉴定】 特征性病变是口腔、腺胃、肌胃角质膜下层和十二指肠出血。胸骨内面、胸肌、腹部脂肪和心脏均有散在性的出血点。头部青紫，眼结膜肿胀有出血点。口腔和鼻腔积有黏液，并混有血液，头部、眼周围、耳和肉髯水肿，皮下有黄色胶样液体。肝脏、脾脏、肺脏、肾脏常有灰黄色小坏死灶。腹膜和心包充血，腔体内有时积有纤维素性渗出物。卵巢和输卵管充血或出血。

【鉴别诊断】 本病应与鸡新城疫、禽霍乱、鸡支原体病等相区别，确诊须作实验室检验。

【实验室检验】

(1)病毒分离鉴定　取样处理后接种 9～11 日龄无特定病原鸡胚,于 37℃孵育 4～7 天,分离病毒。

(2)血清学试验　可作血凝和血凝抑制试验、琼脂凝胶免疫扩散试验、间接酶联免疫吸附试验和斑点酶联免疫吸附试验。

(3)其他检验方法　可应用病毒中和试验、反转录聚合酶链反应、免疫荧光技术与核酸探针技术。

高致病性禽流感的实验室检验由国家禽流感参考实验室和区域性(省级)禽流感专业实验室分级负责,其他未经国家批准的部门或机构不得随意进行检验。

【卫生评价与处理】

(1)病禽与同群禽的处理　宰前检疫确诊为高致病性禽流感的病禽和同群禽,采取不放血的方法扑杀,并进行销毁处理。

(2)染疫产品的处理　宰后检疫确诊为高致病性禽流感的,胴体、内脏及其他副产品全部进行销毁处理,同批产品及副产品同样进行销毁处理。

(3)防疫措施　第一,立即停止生产、封锁现场,向动物防疫监督机构报告疫情;第二,屠宰车间场地和设备、圈舍、厂(场)区进行彻底消毒,清除粪便,污物进行焚毁,金属器械和用具进行高温消毒;第三,做好疫情处理人员的卫生防护,一次性防护用品用后全部进行焚毁;第四,停产期间按规定进行防疫消毒。

鸭　瘟

鸭瘟又称鸭病毒性肠炎,是由鸭瘟疱疹病毒引起的鸭的一种急性、热性、败血性、接触性传染病,以高热、血管损伤致使组织和体腔出血、消化道黏膜的疹性损害、淋巴器官病变和实质器官退化性病变为特征。本病传染迅速,发病率和致死率都很高,鸭、鹅和天鹅均可感染。

【宰前鉴定】 病鸭高热稽留,体温升高至 43℃ 以上,精神委顿,食欲减退或废绝,两翅下垂,两腿发软或麻痹,行走困难。流泪,眼睑水肿,严重者眼睑翻出于眼眶外,部分病鸭头颈部水肿,故有肿头瘟、大头瘟之称。结膜充血,常有散在性小出血点或小溃疡,一侧角膜浑浊。鼻腔流出稀薄或黏稠的分泌物,呼吸困难,叫声粗厉。严重腹泻,粪便呈绿色。雏鸭除有上述症状外,常出现神经症状。

【宰后鉴定】 主要病变为全身皮肤、黏膜和浆膜出血,皮下组织弥漫性水肿和实质器官严重变性,特别是消化道黏膜出血和坏死。咽喉部、食管、盲肠、直肠和泄殖腔黏膜表面覆盖一层灰褐色或绿色的坏死痂,黏着很牢固,不易剥离,黏膜上有出血斑点和水肿。肠管环带状出血,呈深红色或深棕色,多见于小肠、空肠、腺胃与食管交界处。头颈部水肿的病鸭,切开头颈部皮肤流出淡黄色透明液体。

【鉴别诊断】 本病应注意与雏鸭肝炎、鸭出血性败血症等的鉴别,确诊需作实验室检验。

【实验室检验】 常用的检验方法有中和试验、直接或间接免疫荧光试验、空斑抑制试验等。

【卫生评价与处理】

(1)病禽的处理 宰前确诊的病禽禁止屠宰,扑杀后作销毁处理。

(2)染疫产品的处理 胴体、内脏均须作销毁处理。

小 鹅 瘟

小鹅瘟又称鹅细小病毒感染,是由鹅细小病毒引起雏鹅的一种高度接触性、急性败血性传染病,以严重下痢和渗出性肠炎为特征。本病主要侵害4～20日龄雏鹅,传染快,病死率高。在自然条件下成年鹅常为隐性感染,但可通过垂直传播方式将病传至下一代。雏鹅发病率和死亡率与日龄、母源抗体水平有关。

【宰前鉴定】

(1)最急性型 多见于流行初期和1周龄内的雏鹅,常突然发病,无明显的前驱病症,发现时已极度衰弱,或倒地抽搐,很快死亡。

(2)急性型 以1～2周龄以内的雏鹅最为常见。表现精神委顿,离群独居,摇头厌食或拒食,鼻孔周围黏附有分泌物,病鹅不时甩头,嗉囊松软并含有大量液体和气体。腹泻,粪便呈灰白色或淡黄绿色,并混有气泡。呼吸困难,临死前出现颈部扭转、两腿麻痹、抽搐或瘫痪等神经症状。病程1～2天,多取死亡转归。

(3)亚急性型 见于流行末期或2周龄以上的小鹅,主要特征为食欲不振、精神委顿、消瘦和腹泻。病程3～7天,部分能自愈。

【宰后鉴定】

(1)最急性型 除肠管有急性卡他性炎症外,其他器官的病变一般不明显。

(2)急性型和亚急性型 特征病变是小肠黏膜发炎、坏死,并有大量渗出物,特别是小肠后段常可见到剥落上皮与渗出物混合凝固而形成的条状栓塞,堵塞肠腔,尤其在亚急性病例更易见到。直肠黏膜充血、出血。肝脏肿大,胆囊膨大,充满胆汁。肾脏、心脏等实质器官变性。

【实验室检验】 确诊需作病毒分离鉴定,也可用病毒中和试验、琼脂扩散试验、酶联免疫吸附试验、聚合酶链反应等快速确定病原。

【卫生评价与处理】 病禽及其产品的处理同鸭瘟的处理。

禽白血病

禽白血病又称禽白血病肉瘤复合症,是由禽白血病/肉瘤病毒群中的病毒引起的禽类肿瘤性疾病的总称,包括淋巴细胞性白血病、成红细胞性白血病、成髓细胞性白血病、纤维肉瘤、肾胚细胞瘤、髓细胞瘤、血管瘤、骨硬化症等疾病。本病主要感染鸡,鹌鹑也可感染。有水平传播和垂直传播2种感染方式。

【宰前鉴定】

(1)淋巴细胞性白血病　自然病例多见于14周龄以上的鸡。临床上可见鸡冠苍白、腹部膨大,触诊时常可触摸到肝脏、法氏囊和肾脏肿大,羽毛有时有尿酸盐和胆色素沾污的斑。

(2)成红细胞性白血病　病鸡虚弱、消瘦和腹泻,血液凝固不良致使羽毛囊出血。本病分为增生型(胚型)和贫血型2种类型。

(3)成髓细胞性白血病　病鸡贫血、衰弱、消瘦和腹泻,血液凝固不良致使羽毛囊出血。

(4)骨髓细胞瘤　骨髓细胞瘤通常发生于肋骨与肋软骨连接处、胸骨后部、下颌骨和鼻腔软骨处,也见于头骨的扁骨,常见多个肿瘤,一般两侧对称。

（5）血管瘤　常见于皮肤或内脏表面,血管腔高度扩大形成血疱,通常单个发生。血疱破裂后可引起病禽严重失血,导致死亡。

【宰后鉴定】

（1）淋巴细胞性白血病　可见结节状、粟粒状或弥漫性灰白色肿瘤,主要见于肝脏、脾脏和法氏囊,其他器官如肾脏、肺脏、性腺、心脏、骨髓和肠系膜也可见到。结节性肿瘤大小不一,以单个或大量出现。粟粒状肿瘤多见于肝脏,均匀分布于肝脏实质中。肝脏发生弥散性肿瘤时,呈均匀肿大,且颜色为灰白色,俗称"大肝病"。

（2）成红细胞性白血病　增生型特征性病变为肝脏、脾脏、肾脏弥散性肿大,呈樱桃红色或暗红色,且质软易脆。骨髓增生、软化或呈水样,呈暗红色或樱桃红色。贫血型可见内脏器官（尤其是脾脏）萎缩,骨髓色淡呈胶冻样。

（3）成髓细胞性白血病　骨髓质地坚硬,呈灰红色或灰色。实质器官增大且质脆,肝脏有灰色弥漫性肿瘤结节。晚期病例,肝脏、肾脏、脾脏出现弥漫性灰色浸润,使器官呈斑驳状或颗粒状外观。

（4）骨髓细胞瘤　呈暗黄色,柔软、质脆或呈干酪状。

【鉴别诊断】　本病应与鸡马立克氏病相鉴别。本病无皮肤、肌肉的肿瘤性病变,亦无神经型、眼型症状,确诊需作实验室检验。

【实验室检验】

（1）病原分离与鉴定　可用鸡或鸡胚接种试验、抵抗力诱导因子试验、补体结合试验、琼脂扩散试验等进行检验。

（2）血清学方法　可用补体结合试验、琼脂扩散试验、放射免疫试验、荧光抗体试验、酶联免疫吸附试验等进行检验。

【卫生评价与处理】

(1)病禽的处理　病禽禁止屠宰,扑杀后作销毁处理。

(2)染疫产品的处理　胴体及其产品均作销毁处理。

鹦 鹉 热

鹦鹉热又称鸟疫,是鹦鹉衣原体引起禽类和哺乳动物的一种接触性传染病,主要特征为结膜炎、鼻炎、肺炎、关节炎、流产和腹泻。在鹦鹉科鸟类感染和人接触鸟类而发生感染时称鹦鹉热,在非鹦鹉科鸟类感染时则称为鸟疫或衣原体病。人类的感染与职业有关,多见于家禽饲养和屠宰人员,以及养鸟、玩鸟者。

【宰前鉴定】

(1)鸡　鸡对本病的抵抗力较强,成年鸡常为隐性感染,雏鸡主要症状为白痢样腹泻和厌食。

(2)鸭和鹅　鸭、鹅表现厌食,消瘦,排绿色水样便,眼和鼻孔周围有浆液性或脓性分泌物,颤抖、共济失调和恶病质,最后痉挛而死。

(3)鸽　表现为结膜炎,畏光,鼻炎,从鼻孔中流出渗出物;精神不振,厌食,腹泻,粪便呈绿色。成年鸽还会出现气囊炎,呼吸困难、有啰音,翼和脚麻痹。

(4)火鸡　病鸡精神委顿,厌食,消瘦,腹泻,粪便呈黄绿色或混有血液,常使肛门附近羽毛结块。

【宰后鉴定】　体腔、气囊和浆膜有纤维素性炎症,呈云雾样浑浊,覆有厚层渗出物。肝脏肿大,有针头至粟粒大小的坏死灶或增生灶。脾脏肿大,并有纤维素性心包炎、肠炎和腹膜炎。

【实验室检验】　取病变组织接种鸡胚分离病原体,或用补体结合试验、琼脂扩散试验、间接血凝试验、酶免疫染色和酶联免疫吸附试验等血清学方法鉴定。应用聚合酶链反应技术检验更加准确和灵敏。

【卫生评价与处理】 病禽及其产品的处理同鸭瘟的处理。

鸭病毒性肝炎

鸭病毒性肝炎是由鸭肝炎病毒引起雏鸭的一种急性、接触性传染病,特征是发病急,传播快,死亡率高,表现角弓反张,主要病变为肝炎和出血。

【宰前鉴定】 发病急,死亡快。雏鸭突然发病,精神委靡,行动呆滞,不愿行走,食欲废绝,眼半闭呈昏睡状,腹泻。随后出现神经症状,不安,运动失调,身体倒向一侧,头向后背,故称背脖病。两脚痉挛性反复踢蹬,呈游泳状,两翅下垂,呼吸困难。数小时后死亡。

【宰后鉴定】 主要病变在肝脏,表现为肝脏肿大,质脆,有点状或淤斑状出血,色暗或发黄。急性病例可见肝细胞的变性和坏死,部分肝细胞发生脂肪变性。胆囊肿大,充满胆汁。有时可见脾脏肿大有斑点,肾脏肿大并充血。

【鉴别诊断】 应与巴氏杆菌病、大肠杆菌病、雏鸭副伤寒、曲霉菌病等进行鉴别。

【实验室检验】 可用病原分离鉴定和血清学检验,如中和试验和荧光抗体试验等。

【卫生评价与处理】 病禽及其产品的处理同鸭瘟的处理。

卵黄性腹膜炎

卵黄性腹膜炎是从卵子释放出的卵黄误入腹腔引起的腹膜炎,是产蛋母鸡的一种常见疾病。根据发生原因分为原发性和继发性 2 种:原发性卵黄性腹膜炎主要因日粮中的钙、磷和维生素含量不足或蛋白质过多而引起;继发性卵黄性腹膜炎是由于感染大肠杆菌病或鸡白痢等,导致卵巢、卵子和输卵管感染发炎,进一步发展为卵黄性腹膜炎。

【宰前鉴定】 病禽精神沉郁,食欲不振,消瘦,行动缓慢,腹部下垂,排泄物中混有蛋清、凝固的蛋白质和卵黄碎块。肛门粘有发臭的排泄物。

【宰后鉴定】 腹腔内充满淡黄色或黄棕色的浓厚且具有恶臭气味的卵黄,沾污内脏表面,使之发生粘连。腹膜发炎无光泽。卵子变形,呈灰色、褐色或酱色。输卵管黏膜发炎,有出血点和淡黄色渗出物,管腔中含有黄白色的纤维素性凝片。

【卫生评价与处理】 割除病变组织予以销毁,其余部分高温处理后出厂(场)。

五、人兽共患寄生虫病的检疫

囊尾蚴病

囊尾蚴病又名囊虫病,是绦虫的幼虫寄生于家畜或人体所引起的一种人兽共患寄生虫病。在家畜中,猪、牛、羊、骆驼均可患病,而且猪、牛、骆驼的囊尾蚴可引起人的绦虫病。人感染囊尾蚴,除造成痛苦和心理压力,严重的可致人死亡。因此,囊尾蚴病在公共卫生学上具有极为重要的意义。

绦虫的发育过程包括卵、六钩蚴、囊尾蚴、绦虫等形态。猪囊尾蚴病是猪食入寄生在人体小肠中的有钩绦虫虫卵,虫卵内的六钩蚴在肠管内逸出,钻入肠壁血管,随血液散布到全身各处,而后发育成为对人具有感染力的囊尾蚴。猪肉中寄生的有活力的囊尾蚴在人肠管内发育为绦虫,人为本虫的终末宿主。牛囊尾蚴病是牛食入寄生在人体小肠里的无钩绦虫虫卵所致,发病的过程同猪囊尾蚴病。不同点是猪囊尾蚴能以幼虫形态寄生于人体,牛囊尾蚴则不能以幼虫形态寄生于人体,只能以绦虫形态寄生于人的肠管。

【宰前鉴定】

(1)猪囊尾蚴病 轻度感染因虫体数量较少,无明显症状,屠宰前难以检出。重度感染时,出现消瘦、贫血、营养不良、生长迟缓,有的眼部有结节,舌根部出现半透明小囊泡。极严重感染的猪,肩胛部增宽,臀部隆起,身体呈哑铃状。病猪不愿走动,叫声嘶哑。

(2)牛囊尾蚴病 一般很少有临床症状,在严重感染时,可继发高热导致死亡。

(3)羊囊尾蚴病 是由寄生于犬、狼、狐等肉食动物小肠中的羊绦虫幼虫感染羊体所引起。羊囊尾蚴病在我国仅新疆维吾尔自治区有报道。

【宰后鉴定】

(1)猪囊尾蚴病 猪囊尾蚴在猪体内主要寄生在肩胛外侧肌、臀肌、腰肌、腹壁肌、咬肌、颈部肌肉、膈肌、股内侧肌以及心肌、舌肌和脑内。严重感染时,全身肌肉以及内脏和脂肪内均能发现。剖检时在上述部位肌肉内,发现幼虫呈卵圆形,大小如黄豆粒,呈半透明、乳白色、充满无色透明液体的囊泡,囊壁上有一小米粒大的头节,囊泡外观似白色的石榴籽。

(2)牛囊尾蚴病 牛囊尾蚴主要寄生在牛的咬肌、舌肌、颈部肌肉、肋间肌、心肌和膈肌等部位。当严重感染时,所有肌肉内均有寄生,偶见于肝脏、肺脏和淋巴结等器官。牛囊尾蚴的外形与猪囊尾蚴相似,为黄豆大的乳白色囊泡。囊尾蚴大量寄生时可压迫肌组织,并使其发生萎缩。病程长的病例,囊尾蚴死亡后由结缔组织环绕,最后形成瘢痕。

(3)羊囊尾蚴病　羊囊尾蚴主要寄生在心肌、膈肌,还可见于咬肌、舌肌和其他骨骼肌,偶见于肝脏、肺脏、食管、胃和肾脏。囊泡性状与猪囊尾蚴相似,但较小些。

【实验室检验】　酶联免疫吸附试验、间接血凝试验可用于生前诊断。

【卫生评价与处理】

(1)病畜的处理　宰前检疫确诊为囊尾蚴病的患病动物,全尸作化制处理。

(2)染疫产品的处理　宰后检疫确诊为囊尾蚴病的胴体、内脏作化制处理。

旋毛虫病

旋毛虫病是由旋毛虫引起的一种人兽共患寄生虫病。旋毛虫主要寄生于猪、犬和多种野生食肉动物的小肠肠壁上,幼虫(肌旋毛虫)寄生在同一宿主的各部肌肉。本病对人的危害严重,可导致死亡。

人感染旋毛虫病多与吃生猪肉、犬肉或食用腌制与烧烤不当的含有旋毛虫包囊的肉制品有关。此外,切过生肉的菜刀、砧板如黏附有旋毛虫的包囊,亦可能污染食品,造成感染。

【宰前鉴定】　猪对旋毛虫有很大的耐受性。猪自然感染时,肠管感染期影响极小,肌肉感染期无临床症状。

【宰后鉴定】　在猪体内,肌旋毛虫常寄生于膈肌、咬肌、舌肌、肋间肌、肩胛肌、股部肌肉等部位。肌旋毛虫包囊眼观为针尖大到大头针针帽大的小白点。

【实验室检验】

（1）血清学检验　酶联免疫吸附试验可用于生前诊断。

（2）压片镜检　可于膈肌脚采样，制作压片，置于低倍显微镜下检查。

【卫生评价与处理】　宰后检疫在 24 个肉样压片内发现有旋毛虫包囊或钙化旋毛虫的，胴体、内脏作化制处理。

弓形虫病

弓形虫病是龚地弓形虫引起的人、畜、禽共患的寄生虫病。弓形虫是一种多宿主寄生虫，感染的动物主要有猪、猫、牛、羊、犬、鸡、鸭、骆驼等，但最多见于猪。弓形虫在不同的发育阶段形态各异，速殖子和包囊寄生在中间宿主体内，裂殖体、配子体、卵囊只出现在终末宿主体内。猫是弓形虫的终末宿主，也是各种易感动物的主要传染源。人可因接触传染源和生食患有本病的肉类而感染。

【宰前鉴定】

（1）猪弓形虫病　表现为体温升高达 $40.5\,℃\sim42\,℃$，稽留 $7\sim10$ 天。精神委顿，食欲减退或废绝。体表淋巴结肿大，尤以腹股沟淋巴结明显肿大。常呈腹式呼吸或犬坐姿势呼吸，有时咳嗽和呕吐，便秘，有时下痢。耳翼、鼻端、股内侧、腹部等处出现紫红斑或小出血点，但皮肤上有大出血斑。

（2）牛弓形虫病　犊牛呈现呼吸困难，咳嗽，发热，精神沉郁，腹泻，排黏性血便，常于 $2\sim6$ 天死亡。成年牛症状不一，有的有发热、呼吸困难、腹泻和神经症状；有的母牛发生流产，有的发生乳房炎，有的无任何症状，但可在乳汁中发现弓形虫。

（3）羊弓形虫病　成年羊多呈隐性感染,妊娠羊发生流产,有的表现转圈运动、呼吸困难、流鼻液等症状。

（4）犬弓形虫病　表现发热、厌食,精神委靡,呼吸困难,咳嗽,黏膜苍白,妊娠母犬可能早产或流产。

【宰后鉴定】　病畜体表出现紫斑,全身淋巴结肿大,充血、出血;肺脏出血,间质水肿;肝脏有点状出血和坏死灶;脾脏有丘状出血点;胃底部出血伴有溃疡;肾脏有出血点和坏死灶;大、小肠均有出血点;心包、胸腹腔积水。

【实验室检验】

（1）病原检查　可用淋巴结、肺脏、肾脏等病料作直接触片镜检,或采集胸腹腔积水作集虫检查。

（2）血清学检查　可作染色试验、补体结合试验、间接血凝试验、中和试验或荧光抗体试验。

【卫生评价与处理】

（1）病畜的处理　宰前检出的病畜,扑杀后做销毁处理。

（2）染疫产品的处理　第一,胴体不消瘦的,胴体、内脏作高温处理后出厂（场）;第二,胴体消瘦或全身病变严重的,胴体、内脏作销毁处理;第三,皮张不受限制出厂（场）。

（3）防护措施　进行病畜屠宰检验和无害化处理时,应加强卫生防护,一次性防护用品用后立即焚毁,其他用具进行严格消毒处理。

住肉孢子虫病

住肉孢子虫病是由住肉孢子虫寄生于哺乳类、爬行类、鸟类等动物而引起的一种人兽共患寄生虫病。猪、牛、羊等多种动物均可感染。

住肉孢子虫的生活史与弓形虫类似,发育中必须更换宿主。终末宿主是猫、犬、狼、狐等肉食动物,中间宿主是爬虫类、禽类、啮齿类、草食兽和某些杂食动物。人的感染主要因进食含有包囊的生的或未熟透的牛肉、猪肉或羊肉所引起,住肉孢子虫在人体内繁殖,人以终末宿主的形式出现。猪、牛、羊的感染主要因误食被卵囊污染的饲料和饮水引起。

【宰前鉴定】 猪、牛、羊等动物感染住肉孢子虫表现为不安、厌食、发热、贫血、肌肉僵直、跛行、后肢瘫痪、发育迟滞和流产等。严重感染时可引起死亡。

【宰后鉴定】

(1)猪住肉孢子虫病 猪住肉孢子虫虫体较小,多见于腹斜肌、大腿肌、肋间肌、咽喉肌、膈肌。肉眼观察,在上述部位可见与肌纤维平行的白色毛根状小体,大小为 2～3 毫米。轻度感染的肌肉,其色泽、硬度与气味通常无明显变化。重度感染时,虫体密集部位肌肉发生变性,色淡如煮肉样。此外,还可见心肌脂肪胶样浸润等。

(2)牛住肉孢子虫病 牛住肉孢子虫主要寄生于食管壁、膈肌、心肌和骨骼肌,呈白色纺锤形,大小不一,自 3 毫米至 2 厘米不等,最长可达 4 厘米。主要寄生于食管壁、膈肌、心肌、骨骼肌和舌肌。

(3)羊住肉孢子虫病 羊住肉孢子虫自小米粒至大米粒大,最大的长达 2 厘米,宽近 1 厘米,呈白色卵圆形,寄生于绵羊食管的心区部分,埋藏在食管肌肉中,呈半球状突起,压迫虫体则排出白色胶冻样物质,其中含有圆形滋养体。

【实验室检验】 可采取腹斜肌或膈肌制作压片,置于低倍显微镜下检查。

【卫生评价与处理】

(1)轻度感染的处理 在 24 个肉样压片内发现住肉孢子虫,眼观屠畜肌肉无明显病变的,胴体、内脏作高温处理后出厂(场)。

(2)重度感染的处理　屠畜肌肉发生变性的,胴体、内脏作销毁处理。

孟氏裂头蚴病

孟氏裂头蚴病又称孟氏双槽蚴病、裂头蚴病,是由孟氏迭宫绦虫的幼虫(裂头蚴)寄生于猪、禽、鱼、蛙和蛇的肌肉中所引起的一种寄生虫病。本病分布很广,多见于东亚地区。我国人体感染病例在厦门、福州、广州、贵州等地均有报道,主要是由于食入未经煮熟的含有裂头蚴的肉类而感染。天津、大连等地有由屠宰加工的猪肉中检出孟氏裂头蚴的报道,大连地区还有检测第一、第二中间宿主感染情况的报道。孟氏迭宫绦虫的发育由卵经幼虫到成虫,需要经过 3 个宿主才能完成。第一中间宿主为剑水蚤、镖水蚤等淡水桡足类生物,第二中间宿主为鱼、蛇、蛙类,终末宿主为犬、猫、狐等肉食动物。禽、猪等为非终末宿主,人为偶然异常宿主。

【宰前鉴定】　猪感染孟氏裂头蚴一般不显病状,严重感染时,可出现炎症、肿胀、坏死和中毒反应。

【宰后鉴定】　孟氏裂头蚴为乳白色扁平的带状虫体,头似扁桃形,伸展时如长矛,背腹面各有一纵行吸沟(凹槽),故有双槽蚴之称。虫体向后逐渐变细,体长 8.6～30 厘米,偶尔长达 1～2 米。

生猪宰后检验中最常见于腹斜肌、皮下脂肪和膈肌浆膜下,通常蜷曲成球形,周围包有薄的结缔组织膜,外观似脂肪结节,以刀尖挑出,可见白色面条状或棉线样的虫体。如寄生于腹膜下,虫体则较为舒展。有报道称,严重感染者寄生数目可达 1 700 余条。

【卫生评价与处理】

（1）轻度感染的处理　虫体寄生数量较少时，割除病害部分后，胴体、内脏经高温处理后出厂（场）。

（2）重度感染的处理　虫体寄生较多时，胴体、内脏作销毁处理。

棘球蚴病

棘球蚴病又名包虫病，是由棘球绦虫幼虫引起的一种人兽共患寄生虫病。棘球蚴可寄生于绵羊、山羊、黄牛、水牛、猪、骆驼等多种动物的肝脏、肺脏以及其他各种器官内。人误食虫卵而感染棘球蚴病，可引起人体过敏，局部出现肿块、压迫和刺激症状，严重时有全身中毒症状。

棘球绦虫寄生于犬科动物的小肠内，排出孕节和虫卵致使其他动物感染棘球蚴病。

【宰前鉴定】　棘球蚴寄生于动物的肝脏、肺脏等器官，寄生数量少且个体小时，出现消化障碍、呼吸困难、腹水、病畜逐渐消瘦等症状；寄生数量多且大时，实质器官受压而高度萎缩，甚至可引起死亡。

【宰后鉴定】　猪棘球蚴主要寄生于肝脏，牛、羊棘球蚴常寄生于肺脏和肝脏，有时也见于脾脏、肾脏、脑、皮下、骨、脊椎管和全身组织。肝脏、肺脏等受害脏器体积显著增大，表面凹凸不平，剖检可见棘球蚴，虫体为包囊状结构，单个散在或成簇寄生，一般为球形，直径 5～10 厘米。切开囊泡有黄色水样液体流出，患部留下圆形空洞。

【实验室检验】

（1）虫体检查　用肉眼或解剖显微镜观察囊泡内液体，可见生发囊与原头蚴。

（2）免疫学诊断　可进行皮内试验、补体结合试验、间接血凝试验、免疫电泳和酶联免疫吸附试验。

【卫生评价与处理】

（1）脏器的处理　第一，脏器局部感染的，割除感染部分废弃销毁处理，其余部分和胴体不受限制出厂（场）；第二，脏器严重感染的，整个脏器作销毁处理，其他脏器不受限制出厂（场）。

（2）胴体的处理　肌肉中发现棘球蚴，将患部割除废弃并作销毁处理，其他部分不受限制出厂（场）；病变严重、肌肉有退行性变化的，胴体、内脏均作化制或销毁处理。

姜片吸虫病

姜片吸虫病是由布氏姜片吸虫寄生于人或动物小肠引起的人兽共患寄生虫病，以人和猪感染多见，偶见于犬和野兔。姜片吸虫主要损害消化道，对儿童危害较大，可引起消瘦、贫血、黄疸、智力减退、发育障碍，甚至导致死亡。

姜片吸虫的发育过程有卵、毛蚴、尾蚴、囊蚴、成虫等形态。成虫虫体肥厚宽大，很像切下的姜片，故称姜片吸虫。姜片吸虫的中间宿主为扁卷螺，人和猪为终末宿主。人和猪感染姜片吸虫均因误食附着于水生植物之上的囊蚴所致。

【宰前鉴定】　病猪精神沉郁，消瘦，贫血，眼部和腹部水肿，腹泻；幼猪发育受阻，增重缓慢。

【宰后鉴定】　宰后检验可见姜片吸虫附着于十二指肠和空肠上段黏膜，肠黏膜出血、水肿、坏死、溃疡，大量寄生时可引起肠梗阻。

姜片吸虫虫体肥厚宽大，呈长椭圆形，形似斜切姜片，肉红色，体表有小刺，大小为 20～75 毫米×8～20 毫米。腹吸盘较大，位于虫体的前方，与口吸盘十分靠近。

【卫生评价与处理】

(1)脏器损害轻微的处理　割除损害部分,废弃并作销毁处理,其他部分不受限制出厂(场)。

(2)脏器损害严重的处理　整个脏器作化制或销毁处理,其他部分不受限制出厂(场)。

肝片吸虫病

肝片吸虫病又称片形吸虫病,是由肝片吸虫寄生于人和牛、羊等动物的胆管引起的人兽共患寄生虫病。常发生于牛、羊和骆驼,常呈地方性流行,可引起大批牛、羊死亡。较少见于猪和马属动物,人偶尔也可感染。

肝片吸虫的生活史为卵在水中孵化出毛蚴,毛蚴寄生于中间宿主——椎实螺,经无性繁殖产生大量尾蚴,尾蚴自螺体逸出,在水中形成感染性囊蚴,囊蚴进入人或动物消化道,经肝脏进入胆管发育为成虫。

【宰前鉴定】　病畜消瘦,贫血,间有黄疸,下颌间隙、颈下和胸腹部常有水肿,故有水嗦子之称。严重感染并伴有异位寄生时可导致发热、食欲减退、黄疸、贫血、衰竭。

【宰后鉴定】　肝片吸虫是大型吸虫,大小为20～35毫米×5～13毫米。虫体扁平,呈黄褐色或暗红色的叶片状,故有柳叶虫之称。

急性病例为急性肝炎症状,肝脏肿胀,被膜下可见点状出血和不规整的出血条纹。慢性病例肝实质萎缩、变性,肝硬化。胆管扩张,常突出于肝脏表面,呈白色或灰黄色粗细不匀的索状。肝淋巴结往往肿大、发炎,内沉着黑色或褐色色素。肝脏内胆管壁增厚变硬,管腔内有污褐色或污绿色黏稠的液体,其中含有虫体。

【卫生评价与处理】

(1)胴体的处理　胴体不受限制出厂(场)。

(2)内脏的处理　肝脏损害轻微时,割除损害部分,其他部分不受限制出厂(场);肝脏损害严重者,整个脏器作工业用或销毁,其他脏器不受限制出厂(场)。

华枝睾吸虫病

华枝睾吸虫病简称肝吸虫病,是由华枝睾吸虫寄生于人、家畜、野生动物的胆管内引起的人兽共患寄生虫病。家畜中以猪多见,猪、犬、猫往往成为人体华枝睾吸虫的保虫宿主。

华枝睾吸虫的发育过程有卵、毛蚴、尾蚴、囊蚴、成虫等形态。卵在经第一中间宿主(螺蛳)体内孵化出毛蚴,待发育成熟为尾蚴时自螺体逸出,尾蚴侵入第二中间宿主(淡水鱼、虾)体内,形成对人、畜具有感染力的囊蚴。人体感染华枝睾吸虫主要因食入生的或半生的淡水鱼、虾所致。

【宰前鉴定】　动物感染华枝睾吸虫,多数为隐性感染,出现临床症状者主要表现为消化不良、食欲减退、下痢、贫血、消瘦。

【宰后鉴定】　虫体扁平而长,半透明,前端较尖,后端略钝圆,体表光滑,为橘红色,大小为 10～25 毫米×3～5 毫米。

华枝睾吸虫主要寄生于胆管内,有时也见于胆囊、胰腺和十二指肠内。大量寄生时可引起胆管肥厚和扩张,严重者可导致肝硬化。

【卫生评价与处理】　感染华枝睾吸虫病的病畜胴体、内脏处理方法同肝片吸虫病的处理。

日本血吸虫病

日本血吸虫病是由日本血吸虫引起的一种人兽共患寄生虫病。家畜以牛、羊感染为主,猪、犬、猫、马属动物也能感染。

血吸虫的种类很多,我国仅见有日本血吸虫。日本血吸虫雌雄异体,发育过程有卵、毛蚴、尾蚴、成虫等形态。卵在血管内成熟,随粪便排出体外,在水中孵化出毛蚴,毛蚴侵入钉螺体内,经无性生殖传代,繁殖大量尾蚴,尾蚴成熟后自螺体逸出。此时,尾蚴已具有侵袭人、畜的感染力,人、畜接触含有尾蚴的水即可经皮肤感染血吸虫。侵入人、畜机体的尾蚴随血流到达肝脏门脉系统和肠系膜静脉中定居发育为成虫。

【宰前鉴定】 牛感染日本血吸虫后,可呈现急性型和慢性型2种类型。

(1)急性型 体温升至40℃以上,呈不规则的间歇热。食欲减退,精神迟钝。急性感染20天后发生腹泻,转下痢,粪便夹杂有血液和黏稠团块。贫血、消瘦、无力,严重的可引起死亡。

(2)慢性型 食欲不正常,时好时差,精神较差。有的病牛腹泻,粪便带血,日渐消瘦,贫血。母牛不孕或流产,犊牛生长发育缓慢。

此外,还有些牛症状不明显,但成为带虫牛。绵羊、山羊、猪和马症状较轻,多为慢性型或成为带虫畜。

【宰后鉴定】 病畜尸体消瘦,贫血,皮下脂肪萎缩,肝脏和脾脏肿大,被膜增厚。肝脏有沙粒状灰白色颗粒(虫卵肉芽肿)。肠壁肥厚,浆膜面粗糙,并有淡黄色黄豆样结节,以直肠最为严重,黏膜形成瘢痕组织和乳头样结节,其内往往有虫卵。肠系膜淋巴结肿大,门静脉血管肥厚,在其内可能找到虫卵。

【实验室检验】

(1)粪便虫卵毛蚴孵化法　取新鲜粪便 100 克左右,反复洗涤沉淀或在尼龙筛兜内清洗后,将粪渣放在 22℃～26℃的条件下孵化数小时,用放大镜观察水中有无游动的毛蚴。

(2)粪便虫卵检查法　用反复水洗沉淀法,镜检粪渣中的虫卵;或刮取直肠黏膜溃疡部位,压片镜检虫卵。

(3)环卵沉淀反应　取受检血清 1 滴置于载玻片上,再加入冻干血吸虫卵 100 个,用盖玻片盖上并以蜡封,置于 37℃恒温箱中培养 48 小时。取出置于显微镜下观察,凡虫卵周围出现块状或索状的虫卵为阳性反应卵。阳性反应卵占全片虫卵的 2% 以上时,该血清判为阳性。

【卫生评价与处理】

(1)病畜的处理　病畜禁止屠宰,无血扑杀后作销毁处理。

(2)同群畜的处理　同群畜急宰,胴体、内脏作高温处理后出厂(场)。

(3)染疫产品的处理　染疫产品全部作销毁处理。

(4)防疫措施　屠宰场所实行严格消毒,并向动物防疫监督机构报告疫情。

复腔吸虫病

复腔吸虫病又称双腔吸虫病、歧腔吸虫病,是由矛形复腔吸虫引起的人兽共患寄生虫病。虫体寄生在牛、羊、猪、骆驼、马、鹿和兔等动物的胆管和胆囊中,多与肝片吸虫混合感染,主要危害反刍兽,有时也见于人。

复腔吸虫的发育有卵、尾蚴、囊蚴、成虫 4 个阶段。第一中间宿主为陆栖螺蛳,第二中间宿主为蚂蚁,人、畜食入含有囊蚴的蚂蚁而感染成为终末宿主。

【宰前鉴定】 病畜轻度感染无明显临床症状。严重感染的动物可出现与肝片吸虫病相似的症状,如黄疸、逐渐消瘦、颌下水肿、腹泻等,有的病畜可因高度衰竭而死亡。

【宰后鉴定】 虫体扁平而透明,呈棕红色,大小为 5～15毫米×1.5～2.5 毫米,前端尖细,后端较钝,呈矛状。

虫体寄生于胆管时,引起胆管壁增生或黏膜卡他性炎症,胆管常呈粗细一致的粗索状。严重时可导致肝硬化,且以边缘部分最为明显。切开胆管,可见虫体随胆汁流出。

【卫生评价与处理】 复腔吸虫病病畜胴体、内脏的处理同肝片吸虫病的处理。

并殖吸虫病

并殖吸虫病又称肺吸虫病,是由并殖吸虫寄生于人和猫、犬等动物的肺脏和其他组织所引起的人兽共患寄生虫病。家畜中猪、牛、羊均可感染,以猪为多见。并殖吸虫并非单纯寄生于肺脏,还经常侵害其他组织和脏器,引起一系列复杂的病理变化和症状。并殖吸虫流行范围广,对人体危害严重,是突出的公共卫生问题。

并殖吸虫的生活史与华枝睾吸虫相似,有卵、毛蚴、尾蚴、囊蚴、成虫等形态。第一中间宿主为淡水螺类,第二中间宿主为淡水蟹、克氏螯虾,人和犬、猫等肉食动物因食入含有囊蚴的淡水蟹、克氏螯虾而感染并殖吸虫,成为终末宿主。猪、牛等家畜为持续宿主。

【宰前鉴定】

(1)肺型 病畜有咳嗽、咳血、气喘、发热和腹泻等症状。

（2）脑型　一般见于肺部感染之后，常见抽搐、痉挛和瘫痪等症状。病初为阵发性瘫痪，以后逐渐加重。

【宰后鉴定】　并殖吸虫有 30 余种，我国和亚洲国家流行卫氏并殖吸虫。卫氏并殖吸虫虫体肥厚，呈椭圆形或卵圆形的红褐色、半透明状，体表有小刺。虫体长 7～12 毫米×4～6 毫米，厚为 3.5～5 毫米。

病畜可见肺胸膜局限性增厚，有大量的绒毛组织增生。在肺脏表面形成豌豆大或更大一些的暗褐色或灰白色结节，外围有结缔组织包囊。切开病灶，流出铁锈色液汁，在包囊内常有成对虫体。肺脏切面有红豆至豌豆大小的灰白色或黄绿色虫卵性病灶或钙化性干酪样病灶。有时虫体也见于肝脏、脾脏、胰腺、胸腹膜和心包膜等处。

【实验室检验】　可进行补体结合试验、琼脂扩散和对流免疫电泳试验进行检验。

【卫生评价与处理】

（1）轻度感染的处理　轻度感染者，病变脏器、组织销毁处理，胴体不受限制出厂（场）。

（2）重度感染的处理　严重感染者，病变脏器、组织销毁处理，肌肉无退行性病变的，胴体作高温处理，有退行病变的胴体作销毁处理。

舌形虫病

舌形虫病是由锯齿舌形虫寄生于动物和人的鼻腔而引起的以鼻黏膜刺激症状为主要特征的寄生虫病，在我国西北地区有动物感染。

锯齿舌形虫的终末宿主为犬、狐狸和狼等肉食动物，偶见于人。中间宿主为马、羊、牛和兔等草食动物。成虫寄生于终末宿主的鼻腔内。幼虫在中间宿主移行至肝脏、肺脏、肠系膜淋巴结、肾脏等部位,发育为感染性若虫。人体感染主要为食入感染性若虫所致。

【宰前鉴定】 犬等肉食动物和马、羊等经鼻腔感染时,主要表现为慢性卡他性鼻炎,出现鼻黏膜刺激症状,如打喷嚏、流黏液性或出血性鼻液等。草食动物在腹腔脏器感染阶段,可有不同程度的腹痛表现。

【宰后鉴定】 舌形虫的成虫呈舌形,背面稍隆起,腹面扁平,体表约有 90 条明显的横纹,无附肢,只在靠近口的部位有 2 对钩。雌虫长 8～13 厘米,雄虫长 1.8～2 厘米。幼虫有 2～3 对短腿,若虫与成虫相似,无腿。

剖检病畜可见肠系膜淋巴结增大、变软、水肿,切开淋巴结在其窦隙内可发现 4～6 毫米长的乳白色幼虫。慢性病例,淋巴结可见针头至豌豆粒大的淡黄色或淡绿色坏死结节,质地柔软。同样的坏死结节,有时也见于肝脏、肺脏、肾脏等脏器。

【卫生评价与处理】

(1)胴体的处理　胴体不受限制出厂(场)。

(2)内脏的处理　肠系膜淋巴结检出病变时,切除病变淋巴结作销毁处理,其余部分作高温处理后出厂(场);肝脏、肺脏、肾脏检出病变时,作销毁处理。

(3)头部的处理　宰前有鼻黏膜刺激症状,或宰后发现鼻黏膜病变的,头部作销毁处理。

六、畜禽其他寄生虫病的检疫

肾虫病

肾虫病又称猪冠尾线虫病，是由有齿冠尾线虫寄生于猪的肾盂、肾脏周围脂肪和输尿管管壁等处引起的一种线虫病。

有齿冠尾线虫俗称肾虫，故名肾虫病。本虫不需中间宿主，多以感染幼虫经消化道或皮肤感染。幼虫在宿主体内移行的过程中，可使许多器官特别是肝脏和肺脏受到损害。

【宰前鉴定】 病猪消瘦，后肢无力、僵硬，拱背。尿液浑浊，有白色黏稠的絮状物或脓液。仔猪发育受阻，行为迟钝。幼虫钻入皮下，患部出现结节，浅表淋巴结肿大。严重流行时可造成病猪大批死亡。

【宰后鉴定】 有齿冠尾线虫虫体粗硬，呈深灰色，有黑白相间的斑纹，雄虫长 20～30 毫米，雌虫长 30～45 毫米。

剖检可见病畜肾盂或肾脏周围脂肪组织内有核桃大小的包囊或脓肿，其中常含有虫体。肝脏出血，形成脓肿，甚至硬变。肝脏表面可见白色的弯曲虫道和灰白色大小不等的结节，结节中含有幼虫。肺胸膜下、肺小叶间常见暗红色条状出血灶，切开可见到灰白色幼虫。肾虫也可见于膈肌和脊椎骨周围组织，甚至皮下结缔组织。

【卫生评价与处理】

(1)胴体的处理 脏器病变轻微的，胴体不受限制出厂(场)；脏器病变严重、肌肉无退行性变化的胴体作高温处理后出厂(场)，肌肉有退行性变化的作销毁处理。

(2)内脏的处理 病变器官和组织作销毁处理。

球虫病

球虫病是由艾美尔科的多种球虫引起的一种畜禽原虫病,以消瘦、贫血、血痢、死亡率较高、生长发育受阻为特征。本病分布于全世界,在我国也广泛流行。各种动物都有其专性寄生的球虫,不相互传染。肉用动物中马、牛、羊、猪、犬、兔、鸡、鸭、鹅均易感,其中以鸡和兔的球虫病最为严重。

球虫只需要1个宿主来完成其内生性发育和外生性发育的生活史。

【宰前鉴定】

(1)鸡球虫病　是鸡最常见的一种地方性急性原虫病。主要危害幼禽,死亡率高,对养鸡业造成的损失很大。鸡球虫有9种,其中以柔嫩艾美尔球虫和毒害艾美尔球虫致病力最强。病初病鸡表现精神不振、羽毛松乱、嗜睡等。由于肠壁发炎,血管损裂,大量血液流入肠内,病鸡出现贫血、消瘦、下痢和血便。随着自体中毒的发生,病鸡出现爪、翅轻瘫和昏迷等症状。

(2)兔球虫病　是由兔艾美尔球虫和穿孔艾美尔球虫等10种球虫引起,前者侵害肝脏,后者侵害肠管,呈地方性流行,主要侵害4～5月龄的幼兔,多为急性型,死亡率高达100%。成年兔常表现为慢性型。根据虫体侵害的部位,通常将兔球虫病分为肝球虫病、肠球虫病和混合型球虫病。球虫病在屠宰检验中,以混合型最为常见,表现病兔消瘦,贫血,虚弱,伏卧不动,口、眼和鼻分泌物增多,食欲减退或废绝。

①肠型　顽固性腹泻,肛门周围有粪便污染,或者腹泻与便秘交替进行,腹部膨胀。有时病兔突然倒下,四肢痉挛抽搐,很快死亡。

②肝型　肝区肿大，并有痛感。眼结膜和口腔黏膜黄染。后期出现顽固性腹泻，甚至痉挛或麻痹。

③混合型　具有肠型和肝型症状，如腹泻和黄疸等。

【宰后鉴定】

(1)鸡球虫病　鸡柔嫩艾美尔球虫主要侵害盲肠，引起肠管扩张、肿胀，呈暗红色，硬度较大。肠壁发炎增厚，黏膜有卡他性炎症和出血，并有灰色坏死病灶，肠腔内充满大量血块和干酪样物质。随着病程发展，盲肠萎缩。毒害艾美尔球虫主要侵害小肠，表现为肠黏膜充血、出血，有坏死灶。

慢性病例的病变主要见于小肠前段的十二指肠部分。肠壁发炎增厚，肠管变粗，弹力消失，外观呈明亮的灰白色。黏膜肥厚、粗糙，并可见球虫增殖的白色小点。

(2)兔球虫病

①肠型　小肠和盲肠臌气，胃肠黏膜肿胀、充血或出血。慢性经过时，黏膜下有灰白色粟粒样结节，化脓、溃烂，尤其盲肠蚓突部更为明显。肠系膜淋巴结肿胀，膀胱积有黄色浑浊尿液。

②肝型　胴体消瘦，黏膜贫血或黄染。肝脏肿大，表面有粟粒至米粒大的黄白色坏死结节，常突出于肝脏表面。慢性经过时，因胆管周围和肝小叶内结缔组织增生而引起肝细胞萎缩，此时可见肝脏体积缩小、质地变硬。胆管扩张、隆起，切面流出乳白色液体，陈旧的病灶中央钙化。腹腔积液。

③混合型　以上两种类型球虫病的病理变化同时存在，病变更为严重。

【实验室检验】

(1)急性病例检验　由病灶部剖取病料，涂片镜检裂殖体、裂殖子和配子。

（2）慢性病例检验　取粪便用饱和盐水漂浮法检查卵囊。

【卫生评价与处理】

（1）轻度病变的处理　轻度感染者，病变器官销毁，胴体不受限制出厂（场）。

（2）重度病变的处理　严重感染且肌肉有退行性变化者，内脏、胴体全部作销毁处理；肌肉无变化者，病变脏器销毁，胴体作高温处理。

细颈囊尾蚴病

细颈囊尾蚴病是寄生于犬和其他野生肉食动物小肠内的泡状带绦虫幼虫引起的一种寄生虫病。肉食动物为终末宿主，猪、牛、羊、骆驼等家畜为中间宿主。常寄生于猪、牛、羊、骆驼等家畜的大网膜、肠系膜、肝脏、肺脏等处。细颈囊尾蚴在肝脏移行时，可损伤肝脏组织引起肝炎。人也能感染本病。

【宰前鉴定】　细颈囊尾蚴大量寄生时，病畜虚弱、消瘦、黄疸，还可出现局限性腹膜炎和体温升高，影响生长发育。

【宰后鉴定】　细颈囊尾蚴呈囊泡状，俗称"水铃铛"，内含透明液体。由豌豆大至鸡蛋大或更大，肉眼观察可看到囊壁上有一个向内生长具有细长颈部的头节。急性病例可见肝脏肿大，表面粗糙，覆有纤维素性薄膜，并散发点状出血。在肝脏实质中有虫道，初期出血，继而肝组织坏死呈灰黄色，最后变为纤维化。慢性病例，肝脏常呈局限性萎缩。

虫体在实质器官内寄生时，可压迫局部组织形成凹陷，周围形成较厚的包膜，包膜内的虫体可死亡或钙化；有的形成球形硬壳，破开可见黄褐色钙化碎片和淡黄色或灰白色头颈残骸。

【卫生评价与处理】

(1)轻微感染的处理　割除患部,废弃并作销毁处理,其他部分不受限制出厂(场)。

(2)严重感染的处理　整个脏器作化制或销毁处理,其他部分不受限制出厂(场)。

肺线虫病

肺线虫病是由多种肺线虫寄生于动物肺脏引起的寄生虫病。猪、牛、羊均有感染,特征为病畜发生支气管肺炎,以猪、羊为严重。

【宰前鉴定】

(1)猪肺线虫病　又称猪后原线虫病,由猪后原线虫寄生于猪的气管、支气管内所引起。猪后原线虫的发育需要蚯蚓为中间宿主。雌虫在猪支气管内产卵,卵随痰转移至口腔被咽下(咳出的极少)后随粪便排出体外,被蚯蚓吞食后,在蚯蚓体内发育成感染性幼虫,猪吞食感染性幼虫而发病。病猪表现为咳嗽、贫血、消瘦、呼吸困难、流脓性鼻液。

(2)牛肺线虫病　又称牛网尾线虫病,由网尾线虫寄生于牛的气管、支气管内所致。网尾线虫的生活史中不需要中间宿主,虫卵在自然界适宜条件下发育为感染性幼虫,牛采食被污染的草料和饮水而感染,可呈现一种变态反应性疾病。表现为支气管炎、广泛性肺炎和肺水肿,导致呼吸困难。

(3)羊肺线虫病　又叫羊网尾线虫病,由网尾线虫寄生于羊的气管、支气管内引起发病。病羊表现呼吸急促、干咳、打喷嚏、消瘦、贫血和水肿。

【宰后鉴定】

(1)猪肺线虫病　肺脏叶腹面边缘有楔状肺气肿区,支气管增厚、扩张。气管内有虫体和黏液,虫体呈乳白色丝状,长

2～5毫米。

（2）牛肺线虫病　肺脏肿大，有大小不一的肝变区。支气管可见虫体，严重的多达数百条，呈乳白色，细长如白色棉线状，长30～100毫米。

（3）羊肺线虫病　支气管中有黏性脓液或混有血丝的分泌物，其中有虫卵、幼虫和成虫。支气管黏膜肿胀、充血、有出血点。支气管周围发炎，有肺膨胀不全和肺气肿。虫体寄生部位的肺脏表面隆起，呈灰白色，触之有坚硬感，切开可见虫体。

【卫生评价与处理】

（1）轻微感染的处理　割除患部，废弃并作销毁处理，胴体和其他部分不受限制出厂（场）。

（2）严重感染的处理　整个肺脏作化制或销毁处理，胴体和其他脏器不受限制出厂（场）。

蠕形螨病

蠕形螨病又称毛囊虫病、脂螨病，是由蠕形螨寄生于毛囊或皮脂腺而引起的以皮脂腺-毛囊炎为特征的皮肤病。各种家畜有其固有的蠕形螨寄生，犬和猪蠕形螨病较多见，其次是羊和牛。

蠕形螨虫体狭长似蠕虫状，呈半透明乳白色，大小为0.25～0.44毫米×0.04毫米。虫体由颚体（假头）、胸和长形的腹部构成。颚体呈不规则四边形，有短喙状刺吸式口器，胸部具有分为3节的短足4对，腹部背面有窄细的线状横纹。

【宰后鉴定】　病畜突出症状为被毛粗乱、消瘦、皮肤有结节。

（1）猪蠕形螨病　先发于眼周围、鼻部和耳基部，而后逐渐向其他部位蔓延。在患部出现针尖至米粒大甚至核桃大的白色包囊,囊内含有很多蠕形螨、表皮碎屑和脓细胞。有的病猪皮肤增厚,表面凹凸不平、皲裂。

(2)牛蠕形螨病　初发于头部、颈部、肩部、背部或臀部,形成针尖至核桃大的白色囊瘤,内含粉状物或脓状稠液,并含有蠕形螨。也有只呈现鳞屑而无疮疖的。

(3)羊蠕形螨病　主要发生于眼、耳、颈、肩胛、四肢和腹部等处,皮下有黄豆至蚕豆大小的圆形或近圆形高出皮肤的结节,部分结节中央有小孔,可挤出干酪样物质。

【实验室检验】　切开皮肤上的结节或脓疱,取其内容物置于载玻片上,滴加甘油水溶液,再加盖玻片,置于低倍镜下观察虫体。

【卫生评价与处理】

(1)轻度感染的处理　轻度感染者,将病变皮肤切除作销毁处理,胴体、内脏和其余部分不受限制出厂(场)。

(2)重度感染的处理　严重感染且皮下组织有病变的,胴体、内脏、皮肤全部作销毁处理。

牛球孢子虫病

牛球孢子虫病又称厚皮病、贝诺孢子虫病,是由贝氏贝诺孢子虫的包囊寄生于牛的皮下、结缔组织、浆膜和呼吸道黏膜等处而引起的一种慢性消耗性寄生虫病。其特征是皮肤过度增生肥厚而表现出皮肤脱色、增厚、皲裂、脱毛。发病率高,死亡率约 10%,对养牛业危害严重。

贝氏贝诺孢子虫的生活史与弓形虫相似,发育过程有裂殖体、卵囊、速殖子、包囊等形态。其终末宿主为猫,牛是中间宿主。

【宰前鉴定】　临床可分为发热期、脱毛期和干性皮脂溢出期。病初病畜体温升高,腹下和四肢发生水肿,后期水肿消退,患部皮肤粗糙,被毛稀少,弹性丧失,厚而坚硬,出现皱褶,严重者呈格子状,似大象的皮肤。头部、四肢、背部、臀部、股部、阴囊、腰部皮下有散在性、集团性或串珠样排列的结节。

【宰后鉴定】

(1)轻症病例　结节多在四肢下部皮下组织,而上部逐渐减少;浅层肌间多,深层肌间少。

(2)严重病例　除全身皮下结缔组织和肌间结缔组织受损外,在浅表肌间、大网膜、舌、喉软骨、气管和支气管黏膜以及肺脏内也可见到寄生虫结节,甚至大血管内壁和心内膜上有时也可见到这种结节。如在浅表肌肉内有多量虫体寄生,可引起肌肉变性。淋巴结肿大,内含包囊。

【实验室检验】　贝氏贝诺孢子虫以速殖子和包囊形态寄生于牛体。速殖子大小为5.9微米×2.3微米。包囊呈灰白色,近圆形,无中隔,直径100~500微米。包囊内含有大量呈新月形或香蕉状的缓殖子,核偏中央,大小为8.4微米×1.9微米。速殖子与缓殖子形态相似。

(1)宰前实验室检验　宰前可从患部采取结节,剪碎压片后镜检,可发现包囊或速殖子。

(2)宰后实验室检验　宰后可见皮下、喉头、声带、软腭、鼻腔等黏膜上有散在大量白色的圆形包囊,可由包囊中检查出香蕉状的缓殖子。

【卫生评价与处理】

(1)轻度感染的处理　轻度感染者,皮张和割除的病变组织作销毁处理,胴体、内脏高温处理后出厂(场)。

(2)重度感染的处理　重度感染者,胴体、内脏、皮张全部作销毁处理。

附录一　畜禽屠宰卫生检疫规范
(NY 467－2001)

1 范围

本标准规定了畜禽屠宰的宰前检疫、宰后检验及检疫检验后处理的技术要求。

本标准适用于所有从事畜禽屠宰加工的单位和个人。

2 规范性引用文件

下列文件中的条款通过本标准的引用而成为本标准的条款。凡是注日期的引用文件,其随后所有的修改单(不包括勘误的内容)或修订版均不适用于本标准,然而,鼓励根据本标准达成协议的各方研究是否可使用这些文件的最新版本。凡是不注日期的引用文件,其最新版本适用于本标准。

GB 16548－1996 畜禽病害肉尸及其产品无害化处理规程

GB 16549 畜禽产地检疫规范

64/433/EEC 关于影响欧共体内部鲜肉贸易的动物卫生问题

71/118/EEC 关于鲜禽肉生产和市场销售的动物卫生问题

91/495/EEC 欧盟关于兔肉和野味肉生产的卫生问题和卫生检验规定

3 术语和定义

下列术语和定义适用于本标准。

3.1 胴体 carcass

放血后去头、尾、蹄、内脏的带皮或不带皮的畜禽肉体。

3.2 急宰 emergency slaughter

对患有某些疫病、普通病和其他病损的以及长途运输中所出现的畜禽,为了防止传染或免于自然死亡而强制进行紧急宰杀。

3.3 同步检验 synchronous inspection

在轨道运行中,对同畜禽的胴体、内脏、头、蹄,甚至皮张等实行的同时、等速、对照的集中检验。

3.4 无害化处理 bio-safety disposal

用物理化学方法,使带菌、带毒、带虫的患病畜禽肉产品及其副产品和尸体失去传染性和毒性而达到无害的处理。

3.5 同群畜禽 flock,herd

以自然小群为单位,即有直接传播疫病可能的同一小环境中的畜禽,如同窝、同圈、同舍或同一车皮等。

3.6 同批产品 a batch of product

同时、同地加工的同一种畜禽的同一批产品。

4 宰前检验

4.1 入场检疫

4.1.1 首先查验法定的动物产地检疫证明或出县境动物及动物产品运载工具消毒证明及运输检疫证明,以及其他所必须的检疫证明,待宰动物应来自非疫区,且健康良好。

4.1.2 检查畜禽饲料添加剂类型、使用期及停用期,使用药物种类、用药期及停药期,疫苗种类和接种日期方面的有关记录。

4.1.3 核对畜禽种类和数目,了解途中病、亡情况。然后进行群体检疫,剔出可疑病畜禽,转放隔离圈,进行详细的个体临床检查,方法按 GB 16549 执行,必要时进行实验室检查。

4.2 待宰检疫

健康畜禽在留养待宰期间尚需随时进行临床观察。送宰前再做一次群体检疫,剔出患病畜禽。

5 宰前检疫后的处理

5.1 经宰前检疫发现口蹄疫、猪水疱病、猪瘟、非洲猪瘟、非洲马瘟、牛瘟、牛传染性胸膜肺炎、牛海绵状脑病、痒病、蓝舌病、小反刍兽疫、绵羊痘和山羊痘、高致病性禽流感、鸡新城疫、兔出血热时,病畜禽按 GB 16548—1996 3.1 处理。

5.1.1 同群畜禽用密闭运输工具运到动物防疫监督部门指定的地点,用不放血的方法全部扑杀,尸体按 GB 16548—1996 3.1 处理。

5.1.2 畜禽存放处和屠宰场所实行严格消毒,严格采取防疫措施,并立即向当地畜牧兽医行政管理部门报告疫情。

5.2 经宰前检疫发现狂犬病、炭疽、布鲁氏菌病、弓形虫病、结核病、日本血吸虫病、囊尾蚴病、马鼻疽、兔黏液瘤病及疑似病畜时,按 GB 16548—1996 3.1 处理。

5.2.1 同群畜急宰,胴体内脏按 GB 16548—1996 3.3 处理。

5.2.2 病畜存放处和屠宰场所实行严格消毒,采取防疫措施,并立即向当地畜牧兽医行政管理部门报告疫情。

5.3 除 5.1 和 5.2 所列疫病外,患有其他疫病的畜禽,实行急宰,除剔除病变部分销毁外,其余部分按 GB 16548—1996 3.3 规定的方法处理。

5.4 凡判为急宰的畜禽,均应将其宰前检疫报告单结果及时通知检疫人员,以供对同群畜禽宰后检验时综合判定、处理。

5.5 对判为健康的畜禽,送宰前应由宰前检疫人员出具准宰通知书。

6 屠宰过程中卫生要求

只有出具准宰通知书的畜禽才可进入屠宰线。

6.1 家畜屠宰卫生要求

6.1.1 淋浴净体

家畜致昏、放血前,应将畜体清扫或喷洗干净。家畜通过屠宰通道时,应按顺序赶送,且应尽量避免动物遭受痛苦。

6.1.2 电麻致昏

致昏的强度以使待宰畜处于昏迷状态,失去攻击性,消除挣扎,保证放血良好为准,不能致死,废止锤击,操作人员应穿戴合格的绝缘鞋、绝缘手套。

6.1.3 刺杀放血

刺杀由经过训练的熟练工人操作,采用垂直放血方式,除清真屠宰场外,一律采用切断颈动脉、颈静脉或真空刀放血法,沥血时间不得少于 5min,废止心脏刺放血法,放血刀消毒后轮换使用。

6.1.4 剥皮或煺毛

需剥皮时,手工或机械剥皮均可,剥皮力求仔细,避免损伤皮张和胴体,防止污物、皮毛、脏手沾污胴体,禁止皮下充气作为剥皮的辅助措施。

需煺毛时,严格控制水温和浸烫时间,猪的浸烫水温以60℃—68℃为宜,浸烫时间为 5min—7min,防止烫生、烫老。刮毛力求干净,不应将毛根留在皮内,使用打毛机时,机内淋浴水温保持在 30℃左右。禁止吹气、打气刮毛和用松香拔毛。烫池水每班更换一次,取缔清水池,采用冷水喷淋降温净体。

6.1.5 开膛、净膛

剥皮或煺毛后立即开膛,开膛沿腹白线剖开腹腔和胸腔,切忌划破胃肠、膀胱和胆囊。摘除的脏器不准落地,心、肝、肺和胃、肠、胰、脾应分别保持自然联系,并与胴体同步编号,由检验人员按宰后检验要求进行卫生检验。

6.1.6 冲洗胸、腹腔

取出内脏后,应及时用足够压力的净水冲洗胸膛和腹腔,洗净腔内淤血、浮毛、污物。

6.1.7 劈半

将检验合格的胴体去头、尾,沿脊柱中线将胴体劈成对称的两半,劈面要平整、正直,不应左右弯曲或劈断,劈碎脊柱。

6.1.8 整修、复验

修割掉所有有碍卫生的组织,如暗伤、脓疱、伤斑、甲状腺、病变淋巴结和肾上腺;整修后的片猪肉应进行复验,合格后割除前后蹄,用甲基紫液加盖验讫印章。

6.1.9 整理副产品

整理副产品应在副产品整理间进行;整理好的脏器应及时发送或送冷却间,不得长时间堆放。

6.1.10 皮张和鬃毛整理

皮张和鬃毛整理应在专用房间内进行。皮张和鬃毛应及时收集整理,皮张应抽去尾巴,刮除血污、皮肌和脂肪,及时送往加工处,不得堆压、日晒,鬃毛应及时摊干晾晒,不能堆放。

6.2 禽屠宰卫生要求

6.2.1 致昏与放血

进入屠宰线的活禽应在电击后立即屠宰,屠宰操作应合理,放血应完全,防止血液污染刀口以外的地方。

6.2.2 脱毛

要快速、完全。

6.2.3 内脏摘除与处理

屠宰后应立即进行内脏全摘除,检验体腔和相关的内脏,并记录检验结果。检验后,内脏应立即与胴体分离,并立即去除不适于人类食用的部分。屠宰场内,禁止用布擦拭清洁禽肉。

6.3 兔屠宰卫生要求

6.3.1 致昏与放血

致昏兔时,应尽可能选用无痛苦方法;屠宰操作应合理,放血应完全。

6.3.2 剥皮

避免损伤皮张和胴体,防止污物、皮毛、脏手沾污胴体。

6.3.3 内脏摘除与处理

可参考6.2.3部分。

7 宰后卫生检验

畜禽屠宰后应立即进行宰后卫生检验,宰后检验应在适宜的光照条件下进行。

头、蹄(爪)、内脏和胴体施行同步检验(皮张编号);暂无同步检验条件的要统一编号,集中检验,综合判定。必要时进行实验室检验。

7.1 家畜宰后卫生检验

7.1.1 头部检验

7.1.1.1 猪头检验:剖检两侧颌下淋巴结和外咬肌,视检鼻盘、唇、齿龈、咽喉黏膜和扁桃体。

7.1.1.2 牛头检验:视检眼睑、鼻镜、唇、齿龈、口腔、舌面以及上下颌骨的状态,触检舌体、剖检两侧颌下淋巴结和咽后内侧淋巴结,视检咽喉黏膜和扁桃体,剖检舌肌(沿系带面纵向切开)和两侧内外咬肌。

7.1.1.3 羊头检验:视检皮肤、唇和口腔黏膜。

7.1.1.4 马、骡、驴和骆驼头的检验:剖检两侧颌下淋巴结、鼻甲和鼻中隔及喉头。

7.1.2 内脏检验

7.1.2.1 胃肠检验:视检胃肠浆膜,剖检肠淋巴结,牛、羊尚需检查食管。必要时剖检胃肠黏膜。

7.1.2.2 脾脏检验:视检外表、色泽、大小,触检被膜和实质弹性,必要时剖检脾髓。

7.1.2.3 肝脏检验:视检外表、色泽、大小,触检被膜和实质弹性,剖检肝门淋巴结。必要时剖检实质和胆囊。

7.1.2.4 肺脏检验:视检外表、色泽、大小,触检被膜,剖检支气管淋巴结和纵隔后淋巴结(牛、羊)。必要时,剖检肺实质。

7.1.2.5 心脏检验:视检心包及心外膜,并确定肌僵程度。剖开心室视检心肌、心内膜及血液凝固状态。猪心,特别注意二尖瓣病损。

7.1.2.6 肾脏检验:剥离肾包膜,视检外表、色泽、大小,触检弹性。必要时纵向剖检肾实质。

7.1.2.7 乳房检验(牛、羊):触检弹性,剖检乳房淋巴结。必要时剖检其实质。

7.1.2.8 必要时,剖检子宫、睾丸及膀胱。

7.1.3 胴体检验

7.1.3.1 首先判定放血程度。

7.1.3.2 视检皮肤、皮下组织、脂肪、肌肉、胸腔、腹腔、关节、筋腱、骨及骨髓。

7.1.3.3 剖检颈浅背(肩前)淋巴结、股前淋巴结、腹股沟浅淋巴结、腹股沟深(或髂内)淋巴结,必要时,增检颈深后淋巴结和腘淋巴结。

7.1.4 寄生虫检验

7.1.4.1 旋毛虫和住肉孢子虫的实验室检验

由每头猪左右横膈膜脚肌采取不少于 30g 肉样两块（编上与胴体同一号码），撕去肌膜，剪取 24 个肉粒（每块肉样 12 粒），制成肌肉压片，置低倍显微镜下或旋毛虫投影仪检查。有条件的场、点可采用集样消化法检查。发现虫体或包囊，根据编号进一步检查同一动物胴体、头部和心脏。

7.1.4.2 囊尾蚴的检验

部位为咬肌、两侧腰肌和膈肌，其他可检部位是心肌、肩胛外侧肌和股内侧肌。

7.2 家禽宰后检验

家禽体表、内脏和体腔应逐只进行视检，必要时进行触检或切开检查，注意胴体的质地、颜色和气味的异常变化，特别应注意屠宰操作可能引起的异常变化。宰后检验过程中淘汰下来的家禽，应抽样进行细致的临床检查和实验室诊断。

7.3 家兔检验

重点检查胴体表面、胸腔、肝、脾、肾、盲肠蚓突和圆小囊等部位，判定有无异常。具体检验方法可参照 7.1.2 和 7.2 条相关要求进行。

8 宰后检验后处理

通过对内脏、胴体的检疫，做出综合判断和处理意见；检疫合格，确认无动物疫病的鲜家禽肉可按照 71/118/EEC 规定的要求进行清洗、浸泡冷却、分割和贮存；确认无动物疫病的鲜兔肉可按照 91/495/EEC 规定的要求进行清洗、浸泡冷却、分割和贮存；确认无动物疫病的鲜兔肉可按照 91/495/EEC 规定的要求进行贮存。

经检疫合格的胴体或肉品应加盖统一的检疫合格印章，并签发检疫合格证。应用印染液加盖章时，印章染色液应对人无害、盖后不流散，迅速干燥，附着牢固。

经宰后检验发现动物疫病时，应根据下述不同情况采取不同的处理措施。

8.1 经宰后检验发现 5.1 所列动物疫病和狂犬病、炭疽时，按以下方法处理：

a) 立即停止生产；

b) 生产车间彻底清洗、严格消毒；

c) 立即向当地畜牧兽医行政管理部门报告疫情；

d) 畜禽胴体、内脏及其副产品按 5.1 规定处理；

e) 同批产品及副产品按 5.2 规定处理；

f) 各项处理经畜牧兽医行政管理部门检查合格后方可恢复生产。

8.2 经宰后检验发现 5.2 所列动物疫病（狂犬病、炭疽除外）时，按以下方法处理：

a) 执行 8.1 中 a、b、c、d 处理方法；

b) 同批产品及副产品按前 3 后 5（与病畜禽相邻）执行 5.3 所列的方法处理，其余可按正常产品出厂。

8.3 经宰后检验发现 5.3 所列传染病时，按 5.3 所列的方法处理。

8.4 经宰后检验发现寄生虫病时，按下列规定处理：

8.4.1 旋毛虫病和住肉孢子虫病

a) 在 24 个肉样压片内，发现有包囊的或钙化的旋毛虫者，头、胴体和心脏作工业用或销毁。

b) 在 24 个肉样压片内，发现住肉孢子虫者，全尸高温处理或销毁。

8.4.2 猪、牛囊尾蚴病

在规定检验部位切面视检,发现囊尾蚴和钙化的虫体者,全尸作工业用或销毁。

8.4.3 肝片吸虫病、矛形复腔吸虫病、棘球蚴病、肺吸虫病、肺线虫病、细颈囊尾蚴病、肾虫病、猪孟氏双槽蚴病、华枝睾吸虫病、腭口线虫病、猪浆膜丝虫病、鸡球虫病、兔球虫病、兔豆状囊尾蚴病、兔链形多头蚴病、兔肝毛细线虫病。

a) 病变严重,且肌肉有退化性变化者,胴体和内脏作工业用或销毁;肌肉无变化者剔除患病部分作工业用或销毁,其余部分高温处理后出场(厂);

b) 病变轻微,剔除病变部分工业用或销毁,其余部分不受限制出场(厂)。

8.5 经宰后检验发现肿瘤时,按下列规定处理:

8.5.1 在一个器官发现肿瘤病变,胴体不瘦瘦,并无其他明显病变者,患病脏器作工业用或销毁,其余部分高温处理;如胴体瘦瘦或肌肉有病变者,全尸作工业用或销毁。

8.5.2 两个或两个以上器官发现肿瘤病变者,全尸作工业用或销毁。

8.5.3 确诊为淋巴肉瘤、白血病和鳞状上皮细胞癌者,全尸作工业用或销毁。

8.6 经宰后检验发现普通病、中毒和局部病损时,按下列规定处理:

a) 有下列情形之一者,全尸作工业用或销毁:脓毒症、尿毒症、黄疸、过度消瘦、大面积坏疽、急性中毒、全身肌肉和脂肪变性、全身性出血的畜禽。

b) 局部有下列病变之一者,割除病变部分作工业用或销毁,其余部分不受限制:创伤、化脓、炎症、硬变、坏死、寄生虫损害、严重的淤血、出血、病理性肥大或萎缩,异色、异味及其他有碍卫生的部分。

8.7 须做无害化处理的应在胴体上加盖与处理意见一致的统一印章,并在动物防疫监督部门监督下,在厂内处理。

9 检疫记录

所有屠宰场均应对生产、销售和相应的检疫、处理记录保存两年以上。

附录二 畜禽病害肉尸及其产品
无害化处理规程
（GB 16548—1996）

1 主题内容与适用范围

本标准规定了畜禽病害肉尸及其产品的销毁、化制、高温处理和化学处理的技术规范。

本标准适用于各类畜禽饲养场、肉类联合加工厂、定点屠宰点和畜禽运输及肉类市场等。

2 处理对象

2.1 猪、牛、羊、马、驴、骡、驼、兔及鸡、火鸡、鸭、鹅患传染性疾病、寄生虫病和中毒性疾病的肉尸（除去皮毛、内脏和蹄）及其产品（内脏、血液、骨、蹄、角和皮毛）。

2.2 其他动物病害肉尸及其产品的无害化处理，参照本标准执行。

3 病、死畜禽的无害化处理

3.1 销毁

3.1.1 适用对象

确认为炭疽、鼻疽、牛瘟、牛肺疫、恶性水肿、气肿疽、狂犬病、羊快疫、羊肠毒血症、肉毒梭菌中毒症、羊猝狙、马流行性淋巴管炎、马传染性贫血病、马鼻腔肺炎、马鼻气管炎、蓝舌病、非洲猪瘟、猪瘟、口蹄疫、猪水疱病、猪痢疾、急性猪丹毒、牛鼻气管炎、黏膜病、钩端螺旋体病(已黄染肉尸)、李氏杆菌病、布鲁氏菌病、鸡新城疫、马立克氏病、鸡瘟(禽流感)、小鹅瘟、鸭瘟、兔病毒性出血症、野兔热、兔产气荚膜梭菌病等传染病和恶性肿瘤或两个器官发现肿瘤的病畜禽整个尸体;从其他患病畜禽各部分割除下来的病变部分和内脏。

3.1.2 操作方法

下述操作中,运送尸体应采用密闭的容器。

3.1.2.1 湿法化制

利用湿化机,将整个尸体投入化制(熬制工业用油)。

3.1.2.2 焚毁

将整个尸体或割除下来的病变部分和内脏投入焚化炉中烧毁炭化。

3.2 化制

3.2.1 适用对象

凡病变严重、肌肉发生退行性变化的除 3.1.1 传染病以外的其他传染病、中毒性疾病、囊虫病、旋毛虫病及自行死亡或不明原因死亡的畜禽整个尸体或肉尸和内脏。

3.2.2 操作方法

利用干化机,将原料分类,分别投入化制。亦可使用 3.1.2.1 方法化制。

3.3 高温处理

3.3.1 适用对象

猪肺疫、猪溶血性链球菌病、猪副伤寒、结核病、副结核病、禽霍乱、传染性法氏囊病、鸡传染性支气管炎、鸡传染性喉气管炎、羊痘、山羊关节炎-脑炎、绵羊梅迪/维斯那病、弓形虫病、梨形虫病、锥虫病等病畜的肉尸和内脏。

确认为 3.1.1 传染病病畜禽的同群畜禽以及怀疑被其污染的肉尸和内脏。

3.3.2 操作方法

3.3.2.1 高压蒸煮法

把肉尸切成重不超过 2kg、厚不超过 8cm 的肉块,放在密闭的高压锅内,在 112 kPa 压力下蒸煮 1.5~2h.

3.3.2.2 一般煮沸法

将肉尸切成 3.3.2.1 规定大小的肉块,放在普通锅内煮沸 2~2.5h(从水沸腾时算起)。

4 病畜禽产品的无害化处理

4.1 血液

4.1.1 漂白粉消毒法

用于 3.1.1 条中的传染病以及血液寄生虫病病畜禽血液的处理。

将 1 份漂白粉加入 4 份血液中充分搅拌,放置 24 h 后于专设掩埋废弃物的地点掩埋。

4.1.2 高温处理

用于 3.1.1 条患病畜禽血液的处理。

将已凝固的血液切成豆腐方块,放入沸水中烧煮,至血块深部呈黑红色并成蜂窝状时为止。

4.4 蹄、骨和角

肉尸作高温处理时剔出的病畜禽骨和病畜的蹄、角放入高压锅内蒸煮至骨脱胶或脱脂时止。

4.3 皮毛

4.3.1 盐酸食盐溶液消毒法

用于被 3.1.1 疫病污染的和一般病畜的皮毛消毒。

用 2.5％盐酸溶液和 15％食盐水溶液等量混合,将皮张浸泡在此溶液中,并使液温保持在 30℃左右,浸泡 40 h,皮张与消毒液之比为 1：10(m/V)。浸泡后捞出沥干,放入 2％氢氧化钠溶液中,以中和皮张上的酸,再用水冲洗后晾干。也可按 100 mL 25％食盐水溶液中加入盐酸 1 mL 配制消毒液,在室温15℃条件下浸泡18 h,皮张与消毒液之比为1:4。浸泡后捞出沥干,再放入1%氢氧化钠溶液中浸泡,以中和皮张上的酸,再用水冲洗后晾干。

4.3.2 过氧乙酸消毒法

用于任何病畜的皮毛消毒。

将皮毛放入新鲜配制的2%过氧乙酸溶液浸泡30 min,捞出,用水冲洗后晾干。

4.3.3 碱盐液浸泡消毒

用于同3.1.1疫病污染的皮毛消毒。

将病皮浸入5%碱盐液(饱和盐水内加5%烧碱)中,室温(17~20℃)浸泡24 h,并随时加以搅拌,然后取出挂起,待碱盐液流净,放入5%盐酸液内浸泡,使皮上的酸碱中和,捞出,用水冲洗后晾干。

4.3.4 石灰乳浸泡消毒

用于口蹄疫和螨病病皮的消毒。

制法:将1份生石灰加1份水制成熟石灰,再用水配成10%或5%混悬液(石灰乳)。

口蹄疫病皮,将病皮浸入10%石灰乳中浸泡2 h;螨病病皮,则将皮浸入5%石灰乳中浸泡12 h,然后取出晾干。

4.3.5 盐腌消毒

用于布鲁氏菌病病皮的消毒。

用皮重15%的食盐,均匀撒于皮的表面。一般毛皮腌制两个月,胎儿毛皮腌制三个月。

4.4 病畜鬃毛的处理

将鬃毛于沸水中煮沸2~2.5 h。

用于任何病畜的鬃毛处理。

参考文献

1　农业部畜牧兽医局.一、二、三类动物疫病释义.北京：中国农业出版社,2004

2　郑明光主编.动物性食品卫生检验学.长春：吉林科学技术出版社,1998

4　薛慧文编著.肉品卫生监督与检验手册.北京：金盾出版社,2003

5　尤塔,梁宏德主编.肉品卫生病理学检验.成都：四川科学技术出版社,1994

6　孙锡武编著.动物性食品卫生检验.武汉：湖北科学技术出版社,1986

7　张福军,冯雪领主编.动物防疫监督法律与技术.北京：中国农业科学技术出版社,2001

8　徐定人,徐百万主编.动物检疫800题.北京：时事出版社,1998

9　周宗安,翟春生编著.人畜共患病.福州：福建科学技术出版社,1985

10　王诚,翟连海,陈春龙.试述生猪屠宰检疫监督岗位设置与职责.中国动物检疫,2001,9

11　孙敬军,国续民,李晓明.生猪屠宰检疫十种色泽异常肉的处理.肉品卫生,2004,8

金盾版图书，科学实用，
通俗易懂，物美价廉，欢迎选购

动物检疫应用技术	9.00元	奶牛养殖关键技术200	
畜禽屠宰检疫	10.00元	题	13.00元
动物疫病流行病学	15.00元	奶牛标准化生产技术	10.50元
马病防治手册	13.00元	奶牛围产期饲养与管	
鹿病防治手册	18.00元	理	12.00元
马驴骡的饲养管理		奶牛健康高效养殖	14.00元
（修订版）	8.00元	奶牛挤奶员培训教材	8.00元
驴的养殖与肉用	7.00元	奶牛饲料科学配制与	
骆驼养殖与利用	7.00元	应用	15.00元
畜病中草药简便疗法	8.00元	奶牛疾病防治	10.00元
畜禽球虫病及其防治	5.00元	奶牛胃肠病防治	6.00元
家畜弓形虫病及其防治	4.50元	奶牛乳房炎防治	10.00元
科学养牛指南	29.00元	奶牛无公害高效养殖	9.50元
养牛与牛病防治（修订		奶牛实用繁殖技术	6.00元
版）	8.00元	奶牛肢蹄病防治	9.00元
奶牛场兽医师手册	49.00元	奶牛配种员培训教材	8.00元
奶牛良种引种指导	8.50元	奶牛修蹄工培训教材	9.00元
奶牛高产关键技术	12.00元	奶牛防疫员培训教材	9.00元
奶牛肉牛高产技术（修		奶牛饲养员培训教材	8.00元
订版）	10.00元	肉牛良种引种指导	8.00元
奶牛高效益饲养技术		肉牛无公害高效养殖	11.00元
（修订版）	16.00元	肉牛快速肥育实用技术	16.00元
怎样提高养奶牛效益	11.00元	肉牛饲料科学配制与应	
奶牛规模养殖新技术	21.00元	用	10.00元
奶牛高效养殖教材	5.50元	肉牛高效益饲养技术	

肉羊高效养殖教材	4.50元	实用养兔技术	7.00元
羊场兽医师手册	34.00元	实用家兔养殖技术	17.00元
肉羊饲料科学配制与应用	13.00元	家兔配合饲料生产技术	14.00元
图说高效养兔关键技术	14.00元	家兔饲料科学配制与应用	8.00元
科学养兔指南	35.00元	家兔良种引种指导	8.00元
简明科学养兔手册	7.00元	兔病防治手册(第二次修订版)	10.00元
专业户养兔指南	12.00元	兔病诊断与防治原色图谱	19.50元
新法养兔	15.00元	兔出血症及其防制	4.50元
家兔饲养员培训教材	9.00元	兔病鉴别诊断与防治	7.00元
长毛兔高效益饲养技术(修订版)	13.00元	兔场兽医师手册	45.00元
怎样提高养长毛兔效益	10.00元	獭兔高效养殖教材	6.00元
长毛兔标准化生产技术	13.00元	家兔防疫员培训教材	9.00元
獭兔标准化生产技术	13.00元	实用毛皮动物养殖技术	15.00元
獭兔高效益饲养技术(第3版)	15.00元	毛皮兽养殖技术问答(修订版)	12.00元
怎样提高养獭兔效益	8.00元	毛皮兽疾病防治	10.00元
肉兔高效益饲养技术(修订版)	12.00元	新编毛皮动物疾病防治	12.00元
肉兔标准化生产技术	11.00元	毛皮动物饲养员培训教材	9.00元
养兔技术指导(第三次修订版)	12.00元	毛皮动物防疫员培训教材	9.00元
肉兔无公害高效养殖	12.00元	毛皮加工及质量鉴定	6.00元
肉兔健康高效养殖	12.00元	茸鹿饲养新技术	11.00元

以上图书由全国各地新华书店经销。凡向本社邮购图书或音像制品,可通过邮局汇款,在汇单"附言"栏填写所购书目,邮购图书均可享受9折优惠。购书30元(按打折后实款计算)以上的免收邮挂费,购书不足30元的按邮局资费标准收取3元挂号费,邮寄费由我社承担。邮购地址:北京市丰台区晓月中路29号,邮政编码:100072,联系人:金友,电话:(010)83210681、83210682、83219215、83219217(传真)。